科学のアルバム

水草のひみつ

守矢　登

あかね書房

もくじ

監修●元水草研究会会長
大滝末男
構成協力●山下宣信
イラスト●三島三治
渡辺洋二
林　四郎
装丁●画　工　舎

科学のアルバム

水草のひみつ

守矢　登（もりや　のぼる）

一九三一年、長野県諏訪《すわ》市に生まれる。めぐまれた環境《かんきょう》のなかで、幼《おさな》いころから自然《しぜん》の動植物の生態《せいたい》に興味《きょうみ》をおぼえる。

一九五〇年上京。日本国有鉄道《てつどう》（現ＪＲ）に勤務《きんむ》のかたわら、趣味《しゅみ》を生かし、山岳《さんがく》写真、植物写真、動物写真を撮《と》りつづけ、学習、科学雑誌《ざっし》などにすぐれた作品を多く発表。

現在《げんざい》、地元の丹沢《たんざわ》の自然や、故郷《こきょう》の霧ケ峰《きりがみね》高原の四季をテーマに写真を撮っている。

著書《ちょしょ》に「イネの一生」「サクラの一年」（共にあかね書房）がある。

水面《すいめん》にういてくらす植物《しょくぶつ》があります。
水《みず》の中《なか》でくらす植物《しょくぶつ》もあります。
水草《みずくさ》です。
どんなくらしをしているのでしょう。

●水底《みずそこ》にしずんだ実《み》から芽《め》ばえるオニビシ。

←公園《こうえん》の池《いけ》の中《なか》にさいたスイレンの花《はな》。水《みず》の浅《あさ》い岸《きし》べには，マコモやヨシがはえています。

↑川《かわ》の流《なが》れの中《なか》で育《そだ》つコカナダモ。

↑高原《こうげん》の沼《ぬま》にうかぶヒツジグサの葉《は》。

水草《みずくさ》の育《そだ》つ場所《ばしょ》

花《はな》をさかせてたねを残《のこ》す植物《しょくぶつ》の多《おお》くは、陸上《りくじょう》でくらしていますが、池《いけ》や沼《ぬま》、川《かわ》などの中《なか》でくらすものもあります。このような植物《しょくぶつ》を、水草《みずくさ》とよんでいます。

水草《みずくさ》の育《そだ》つ場所《ばしょ》は、生《い》きていくのに必《ひつ》要《よう》な水《みず》がたくさんあります。それに、水《みず》の中《なか》は陸上《りくじょう》よりも温度《おんど》が安定《あんてい》しています。

でも、水《みず》の中《なか》では呼吸《こきゅう》に必要《ひつよう》な空気《くうき》が不足《ふそく》しがちです。太陽《たいよう》の光《ひかり》も水《みず》の中《なか》では、じゅうぶんにあびることができません。

また、陸上《りくじょう》のように強《つよ》い風《かぜ》でふきたおされたりしないかわりに、水《みず》の流《なが》れのあるところでは、流《なが》される心配《しんぱい》があります。

からだ全体《ぜんたい》が水中《すいちゅう》にしずんだままでくらすマツモ。

水面《すいめん》にういてくらすウキクサやトチカガミ（大《おお》きな葉《は》）。

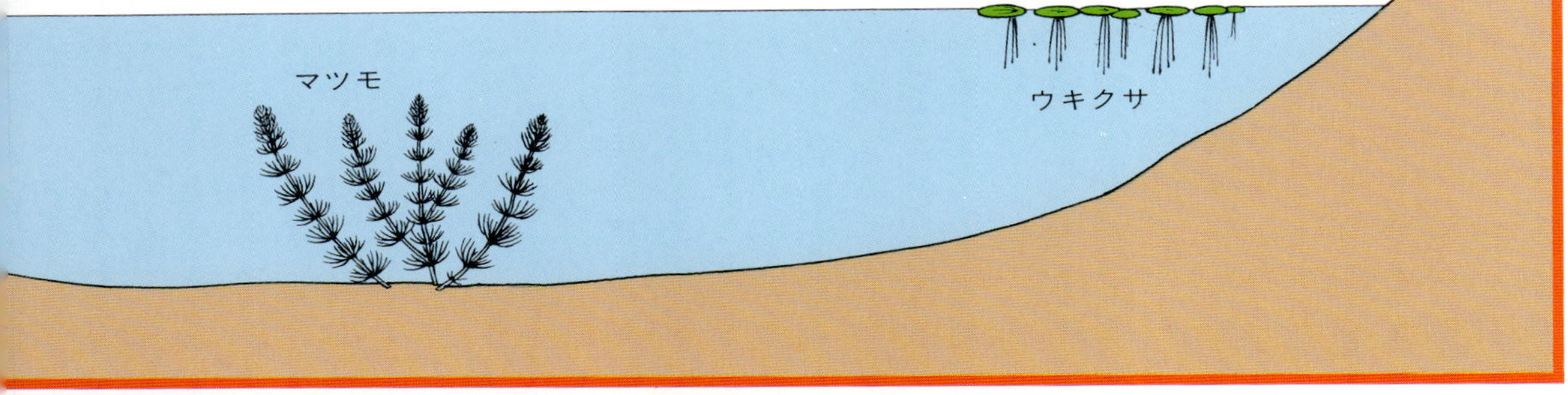

陸上《りくじょう》の植物《しょくぶつ》とのちがい

陸上《りくじょう》の植物《しょくぶつ》は、地中《ちちゅう》にはった根《ね》でからだを固定《こてい》して、水分《すいぶん》や養分《ようぶん》をすい上《あ》げ、茎《くき》でからだをささえています。

それにくらべ水草《みずくさ》には、根《ね》を地中《ちちゅう》にのばしていないものがあります。水面《すいめん》にうかんでくらす水草《みずくさ》です。一方《いっぽう》、からだ全体《ぜんたい》を、水中《すいちゅう》にしずめたままでくらしている水草《みずくさ》もあります。

これらの水草《みずくさ》は、水分《すいぶん》や養分《ようぶん》をまわりの水《みず》から直接《ちょくせつ》とり入《い》れています。また、茎《くき》でからだをささえる必要《ひつよう》がないかわりに、葉《は》の一部《いちぶ》がうきぶくろの役《やく》目《め》をしているものもあります。

陸上《りくじょう》の植物《しょくぶつ》（ヒマワリ）

根《ね》の一部《いちぶ》を拡《かく》大《だい》したもの。

根毛《こんもう》。ここから水分《すいぶん》や養分《ようぶん》をすい上《あ》げます。

葉《は》や花《はな》を水面《すいめん》にうかべ，根《ね》を水底《みずそこ》にはるスイレン。

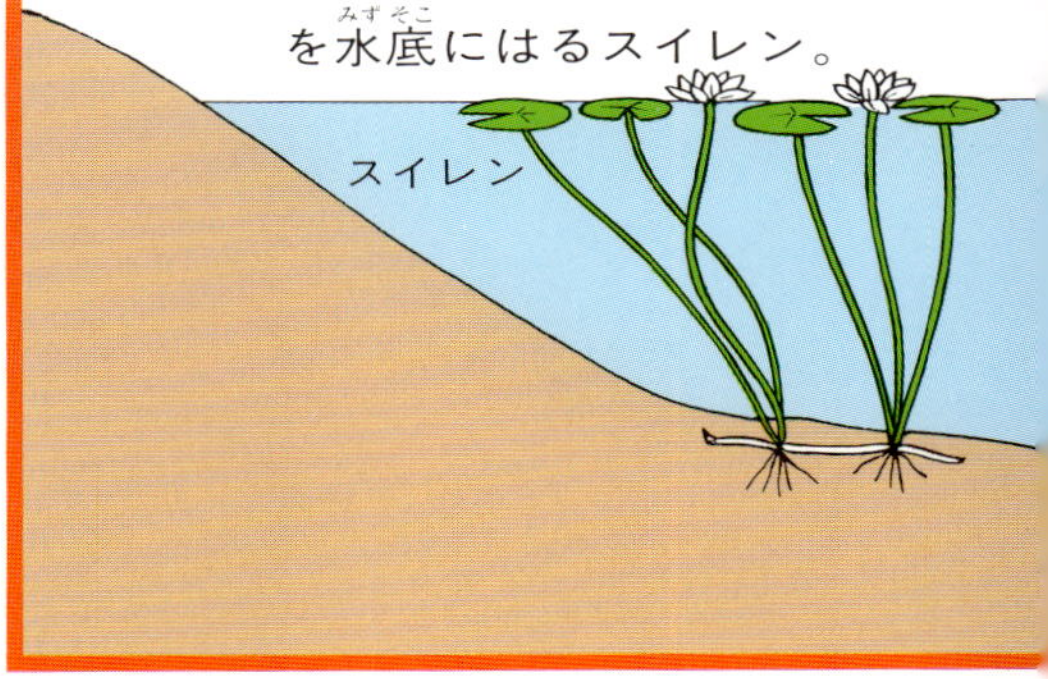

ほかに陸上《りくじょう》の植物《しょくぶつ》と同《おな》じように、地《ち》中《ちゅう》に根《ね》をはり、葉《は》を水面上《すいめんじょう》に出《だ》している水草《みずくさ》もあります。葉《は》から空気《くうき》をとり入《い》れ、太陽《たいよう》の光《ひかり》を多《おお》くあびるために、茎《くき》を長《なが》くのばして、葉《は》を水面《すいめん》にうかべたり、空中《くうちゅう》にひろげたりしています。

水面《すいめん》をただよう水草《みずくさ》

水田《すいでん》や用水路《ようすいろ》の底《そこ》で，ウキクサの越冬芽《えっとうが》(円内《えんない》)がねむっています。ウキクサは，成長《せいちょう》に不向《ふむ》きな時期《じき》を，このような養分《ようぶん》をたくわえた芽《め》ですごします。

ウキクサ

水面《すいめん》にうかんでくらす水草《みずくさ》に、ウキクサがあります。

夏《なつ》の水田《すいでん》でたくさん見《み》られるウキクサが、水《みず》のない冬《ふゆ》の水田《すいでん》では見《み》られません。ウキクサは、いったいどこで、どのようにして冬《ふゆ》をこしているのでしょう。

春《はる》がきて、水田《すいでん》に水《みず》がはられ、水温《すいおん》も上《あ》がってくると、ウキクサの芽《め》が水面《すいめん》にうき上《あ》がってきます。

冬《ふゆ》のあいだウキクサは、養分《ようぶん》をたくわえた、直径《ちょっけい》二ミリメートルくらいの小《ちい》さな芽《め》(越冬芽《えっとうが》)の姿《すがた》で、水底《みずそこ》や水田《すいでん》のしめった土《つち》にはりついてねむっていたのです。

水田《すいでん》の底《そこ》で芽《め》を出《だ》した姿《すがた》でしずんでいる越冬芽《えっとうが》(右《みぎ》)。水温《すいおん》が上《あ》がってくると，越冬芽《えっとうが》はふくらんで芽《め》をのばしながら，水面《すいめん》にうかび上《あ》がってきます(下《した》)。

●葉状体《ようじょうたい》の断面《だんめん》を拡大《かくだい》したところ。空気《くうき》をためる気室《きしつ》というすきまがあります。円内《えんない》は，気室《きしつ》をさらに拡大《かくだい》したところ。

うくしくみ

生長《せいちょう》したウキクサは、葉《は》のようにまるくて平《ひら》たい形《かたち》をしています。葉《は》のように見《み》えるところは、葉状体《ようじょうたい》とよばれ、茎《くき》が変化《へんか》したもので、茎《くき》と葉《は》の両方《りょうほう》の役目《やくめ》をしています。

葉状体《ようじょうたい》の表側《おもてがわ》は平《たい》らでつやがあり、うら側《がわ》はつやがありません。厚《あつ》さは、周辺《しゅうへん》にいくほどうすくなっています。

葉状体《ようじょうたい》を切《き》ってみると、中《なか》はうすいまくでしきられた大小《だいしょう》のすきまが、たくさんならんでいます。このすきまに空気《くうき》をためて、水面《すいめん》にすいつくようにういているのです。

葉状体《ようじょうたい》のうら側《がわ》

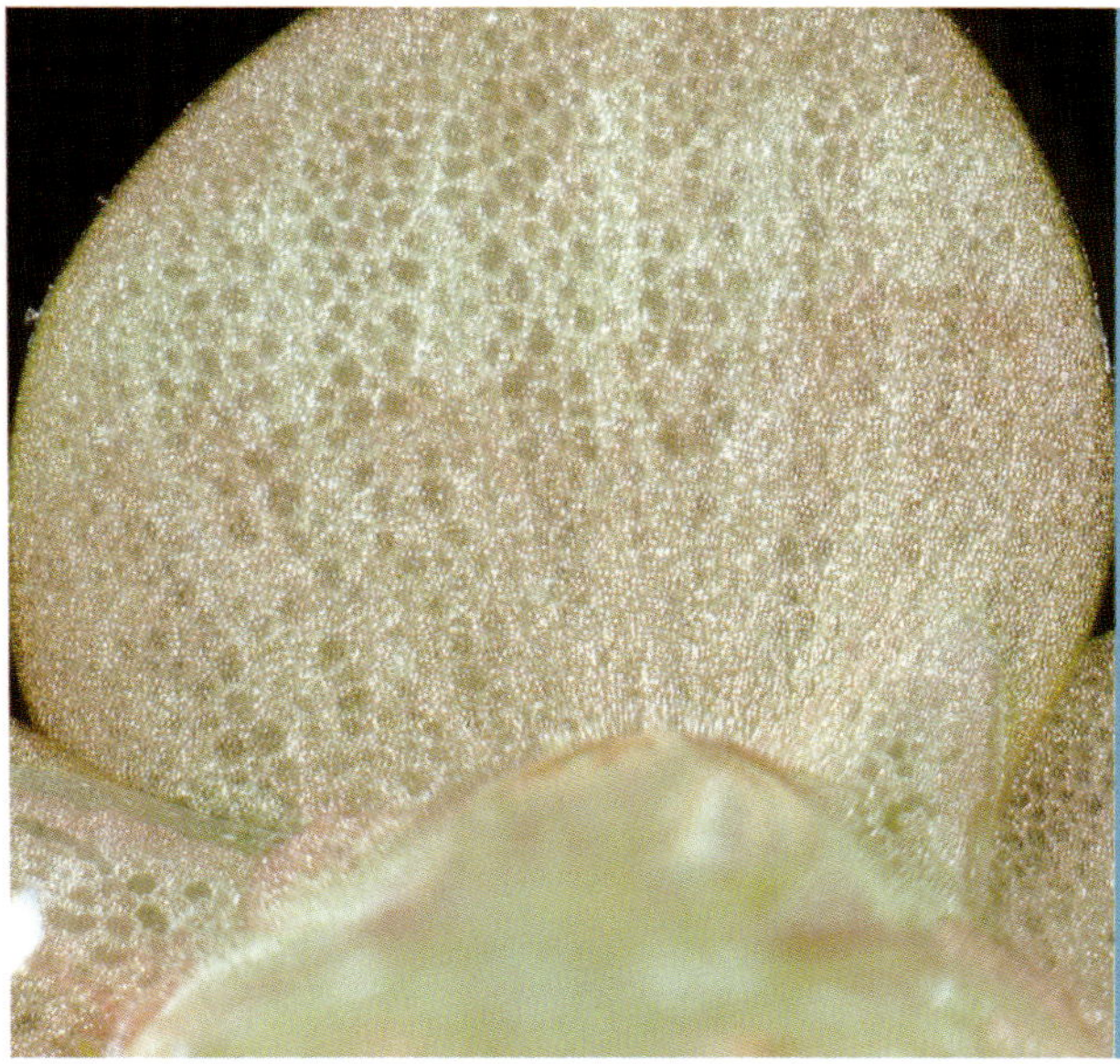

⬆表面《ひょうめん》の皮《かわ》がうすく，水面《すいめん》にすいつきやすくなっています。葉《は》のうら側《がわ》に気孔《きこう》が多《おお》い陸《りく》上《じょう》の植物《しょくぶつ》と，この点《てん》でもちがいます。

葉状体《ようじょうたい》の表側《おもてがわ》

⬆水《みず》をはじきやすくなっていて，空気《くうき》を出《だ》し入《い》れする気孔《きこう》（円内《えんない》の白《しろ》くてまるい部《ぶ》分《ぶん》）は表側《おもてがわ》だけにあります。

ウキクサには根《ね》がたくさんありますが，アオウキクサには１本《ぽん》しかありません。

根《ね》の役目《やくめ》

ウキクサの根《ね》は、葉状体《ようじょうたい》のうら側《がわ》から水中《すいちゅう》に長《なが》くたれ下《さ》がっています。

この根《ね》は、陸上植物《りくじょうしょくぶつ》の根《ね》のように、土《つち》をおしわけて地中《ちちゅう》にのびることはありません。とてもうすい根《ね》の表皮《ひょうひ》から、直接《ちょくせつ》水分《すいぶん》をとり入《い》れています。そして、陸上《りくじょう》植物《しょくぶつ》の根《ね》にある根毛《こんもう》もありません。

長《なが》くたれ下《さ》がった根《ね》は、水《みず》の中《なか》でものにひっかかりやすく、流《なが》されるのをふせいでくれます。また、根《ね》の先《さき》には、根帽《こんぼう》とよばれるふくらんだところがあります。風《かぜ》や波《なみ》でからだがひっくり返《かえ》らないように、おもりの役目《やくめ》をしているのです。

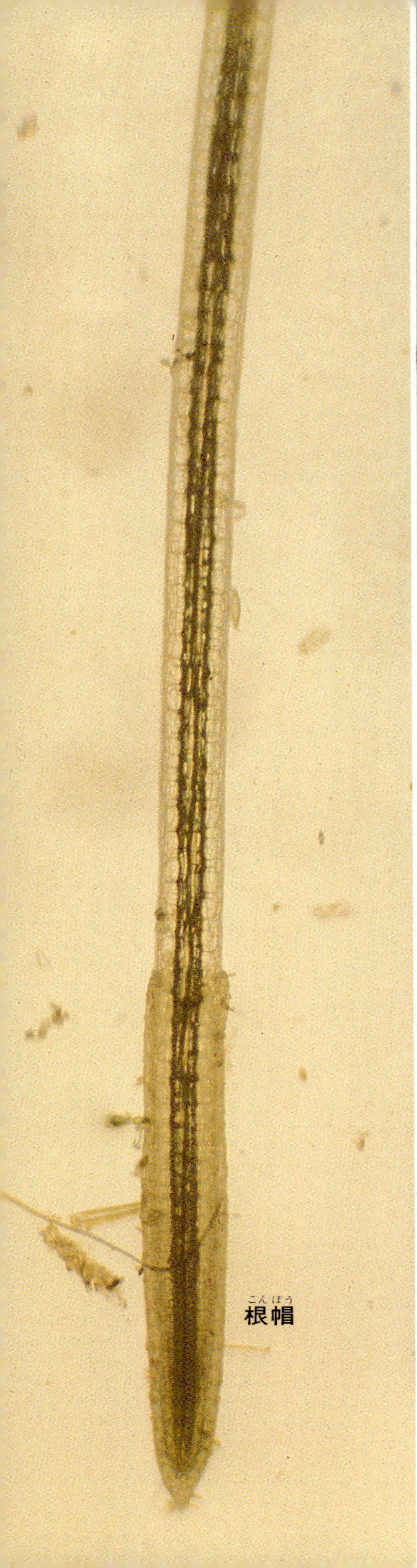

↑←水面《すいめん》にうかんだウキクサ。葉状体《ようじょうたい》の表面《ひょうめん》にかかった水《みず》が，はじかれて玉《たま》になっています。左《ひだり》は根《ね》の先《さき》を拡大《かくだい》したもの。根帽《こんぼう》や根《ね》の表皮《ひょうひ》はとてもうすく，内部《ないぶ》がすけて見《み》えます。

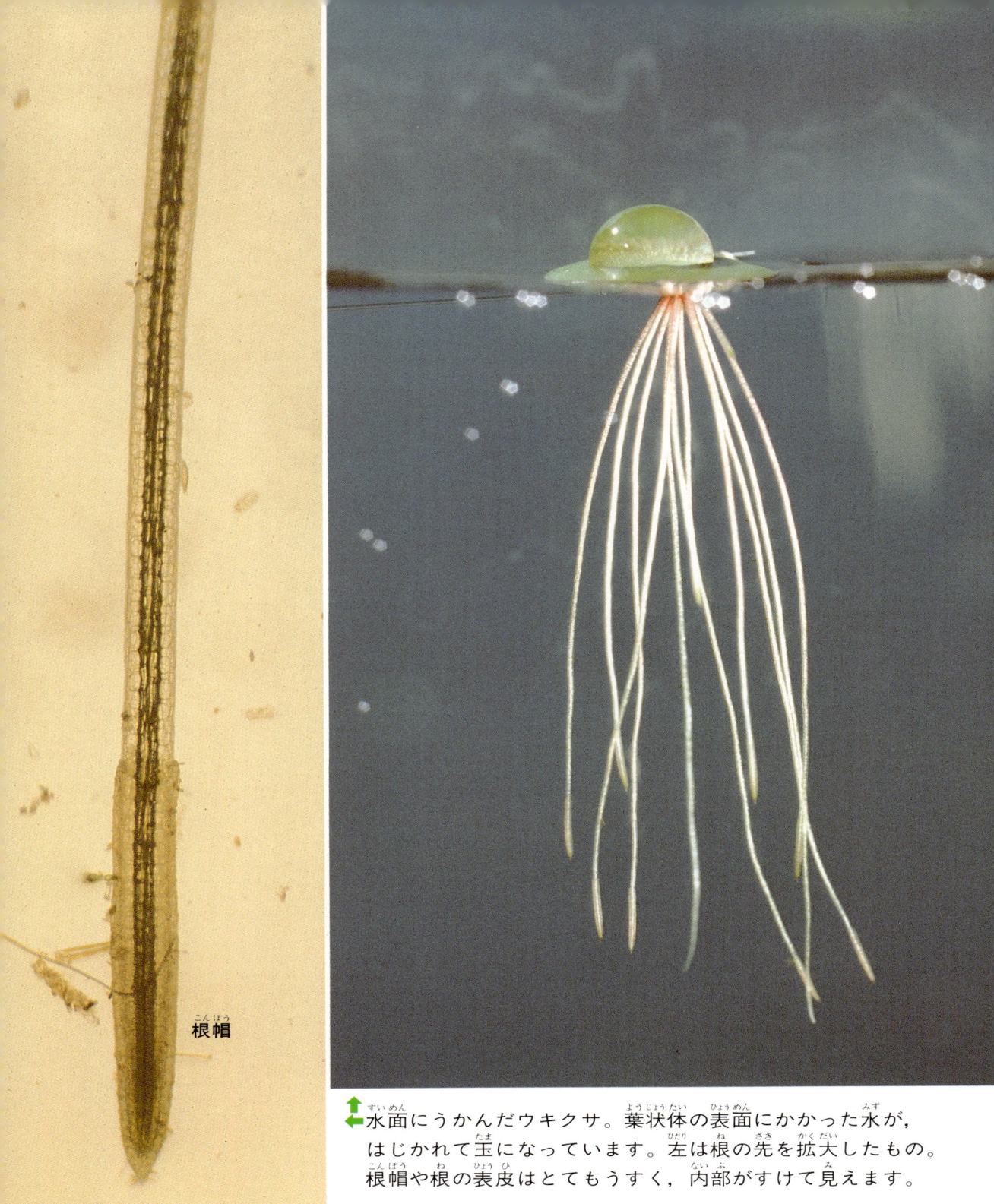

⬆ウキクサをうら側《がわ》から見《み》たところ。白《しろ》くて太《ふと》い糸状《いとじょう》のものが連結糸《れんけつし》です。

9月《がつ》1日《ついたち》

⬆葉状体《ようじょうたい》のわきに小《ちい》さな葉状体《ようじょうたい》ができました。

9月《がつ》3日《か》

⬆1個《こ》の葉状体《ようじょうたい》から4個《こ》にふえました。

ふえるしくみ

生《い》きものは、いろいろな方法《ほうほう》でなかまをふやしていきます。植物《しょくぶつ》の多《おお》くは、花《はな》をさかせ、たねをつくって、なかまをふやします。でも、花《はな》をさかせなくても、養分《ようぶん》をたくわえた茎《くき》や根《ね》から、新《あたら》しく芽《め》を出《だ》してふえるものもあります。ジャガイモやサツマイモが、その例《れい》です。

ウキクサを観察《かんさつ》していると、葉状体《ようじょうたい》のわきに小《ちい》さな葉状体《ようじょうたい》ができてくるのがわかります。小《ちい》さな葉状体《ようじょうたい》はすぐに大《おお》きくなり、そのわきに、また小《ちい》さな葉状体《ようじょうたい》ができてきます。このようなウキクサをうら返《がえ》して見《み》ると、大《おお》きな葉状体《ようじょうたい》と葉状体《ようじょうたい》を、白《しろ》い糸《いと》のようなものがつ

9月《がつ》6日《か》

葉状体《ようじょうたい》が7個《こ》にふえ，連結糸《れんけつし》が切《き》れて，2つにわかれました。

9月《がつ》9日《か》

2つにわかれたウキクサが，それぞれ5個《こ》の葉状体《ようじょうたい》にふえました。条件《じょうけん》がよければ，10日間《かかん》で約《やく》20個《こ》にふえます。

ないでいます。これを連結糸《れんけつし》といいます。

ふつう、一つのウキクサが、四〜五個《こ》の葉《よう》状《じょう》体《たい》にふえると、連《れん》結《けつ》糸《し》は切《き》れて二つにわかれていきます。わかれたウキクサも、また葉《よう》状《じょう》体《たい》をつくり、つぎつぎにふえていきます。

ウキクサにも花《はな》がさかないわけではありません。百《ひゃく》のうち、二〜三個《こ》の割《わり》合《あい》で小《ちい》さな花《はな》がさきます。このように、たねでふえるウキクサもあります。

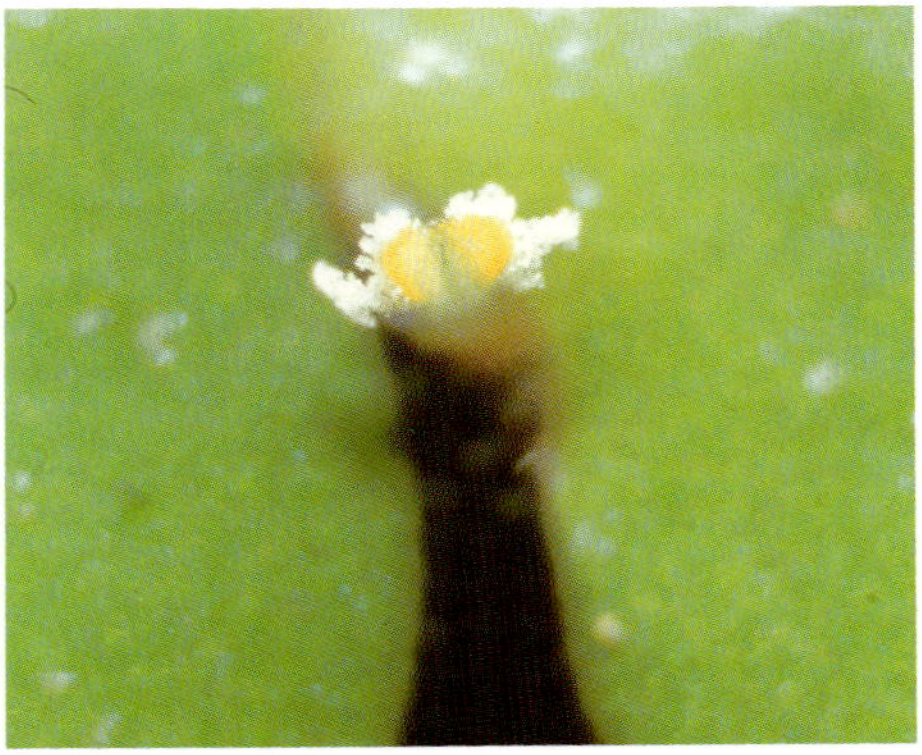

ウキクサの花《はな》はとても小《ちい》さく，花《はな》びらもがくもありません。めったにさくところは見《み》られません。

➡水田《すいでん》をうめつくしたアオウキクサ（小《ちい》さい方《ほう》）とウキクサ。育《そだ》ちやすいところでは、計算《けいさん》によると、百日《ひゃくにち》で約《やく》四百万倍《ひゃくまんばい》にもふえるといわれています。

⬅ふえすぎたためにかれはじめたウキクサ。

みどりのじゅうたん

夏《なつ》、水温《すいおん》が三十度《ど》くらいになると、ウキクサはどんどんふえつづけます。

水面《すいめん》をおおいつくすほどふえると、水中《すいちゅう》には光《ひかり》がささなくなって、水温《すいおん》が上《あ》がらず、水中《すいちゅう》の酸素《さんそ》も不足《ふそく》してきます。そのため、イネの生長《せいちょう》はさまたげられ、ウキクサ自身《じしん》の生長《せいちょう》も弱《よわ》まってきます。

やがて秋《あき》がくると、ウキクサは養分《ようぶん》をたくわえた越冬芽《えっとうが》を残《のこ》してかれます。

⬆上《うえ》，葉《は》のえを切《き》ったところ。
下《した》，指《ゆび》でおさえると中《なか》から空気《くうき》のつぶが出《で》てきます。

⬆水面《すいめん》にうかんだホテイアオイ。葉《は》のえがふくらんでいて，その先《さき》にある葉《は》が水面《すいめん》より上《うえ》に出《で》るようになっています。

ホテイアオイ

ホテイアオイもウキクサと同《おな》じように、おもに水面《すいめん》にういてくらします。茎《くき》は短《みじか》く、水面上《すいめんじょう》に出《で》た葉《は》のえがふくらんでいます。ふくらんだところを切《き》ってみると、中《なか》にはウキクサの葉状《ようじょう》体《たい》と同《おな》じように、空気《くうき》をためるすきまがならんでいます。ここが、うきぶくろの役目《やくめ》をしているのです。

水《みず》の深《ふか》いところでは、根《ね》を水中《すいちゅう》にひろげ、おもりの役目《やくめ》をしています。

水《みず》の浅《あさ》いところでは、葉《は》のえはふくらまず、根《ね》を水《みず》の底《そこ》の地中《ちちゅう》にはって、生長《せいちょう》することもできます。

↑水面《すいめん》にうかぶホテイアオイ。葉《は》と葉《は》をからませて，かたまってくらしているので，風《かぜ》にふき流《なが》されにくくなっています。

➡沼《ぬま》の岸《きし》べにはえたホテイアオイ。水《みず》の深《ふか》いところでは、背《せ》を低《ひく》くして水面《すいめん》にうかび（手前《てまえ》）、水《みず》の浅《あさ》いところでは、地中《ちちゅう》に根《ね》をはり、背《せ》たけも高《たか》くなります。

⬅ホテイアオイの花《はな》は、水《みず》の浅《あさ》いところのものの方《ほう》が、よくさきます。下《した》は、受粉後《じゅふんご》、水中《すいちゅう》にしずんだ花《はな》。

なかまをふやす二つの方法《ほうほう》

ホテイアオイには、二つのふえ方《かた》があります。

夏《なつ》のあいだ、ランナーという、とくべつな茎《くき》の先《さき》に子《こ》どもの株《かぶ》を生長《せいちょう》させ、子《こ》どもの株《かぶ》がはなれてつぎつぎにふえていきます。これも、ウキクサと同《おな》じなかまのふやし方《かた》です。

また、八〜十月《がつ》には花《はな》をさかせ、昆虫《こんちゅう》のたすけをかりて受粉《じゅふん》します。あたたかい地方《ちほう》では、受粉後《じゅふんご》、花《はな》のえが下《した》にまがり、水中《すいちゅう》でたねが熟《じゅく》していきます。たねを残《のこ》したホテイアオイは、秋《あき》にはかれてしまいます。

水《みず》の底《そこ》で芽《め》ばえたホテイアオイ。根《ね》を地《ち》中《ちゅう》にのばして，からだをささえます。

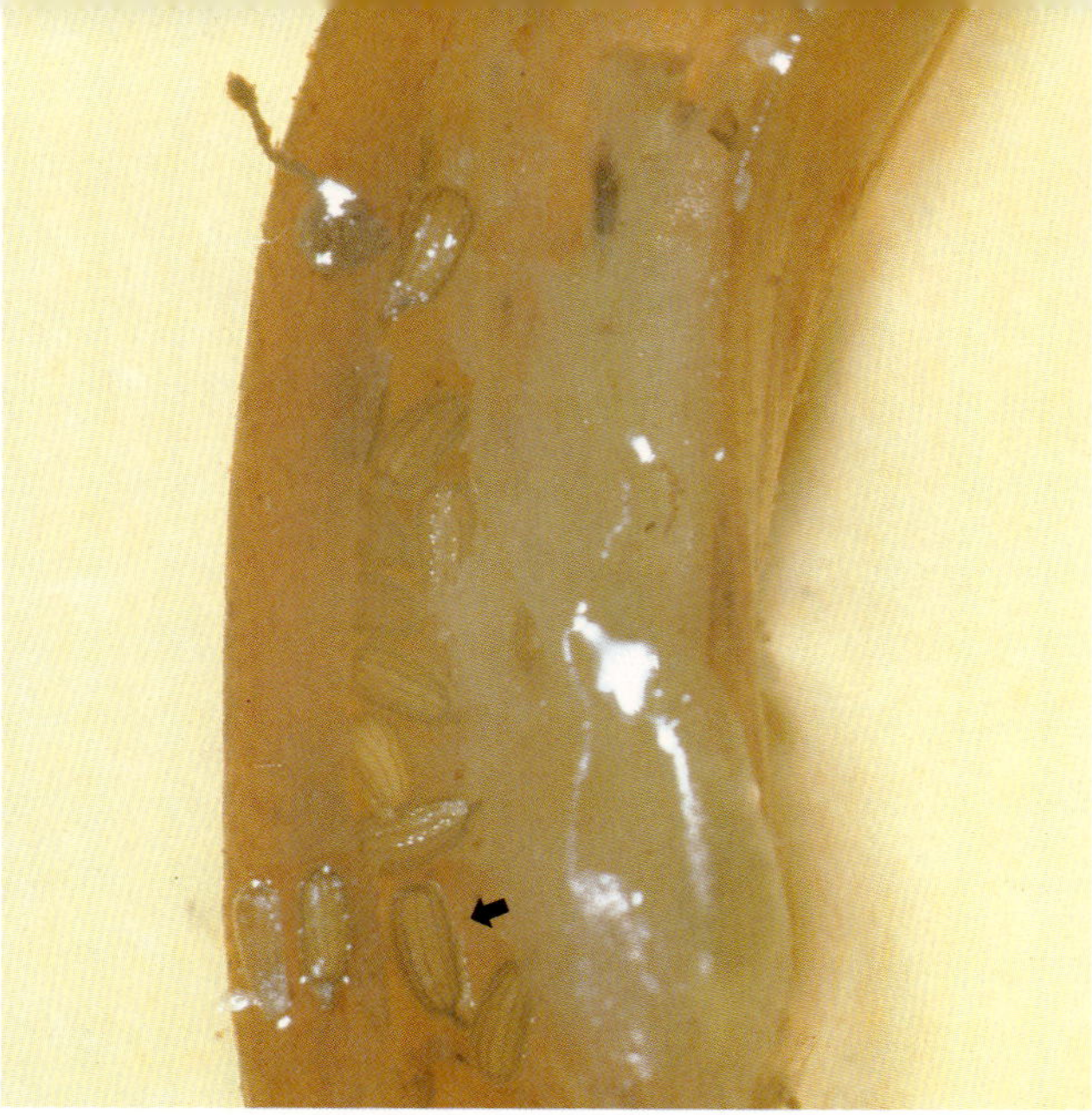

水中《すいちゅう》でみのったホテイアオイのたね(矢印《やじるし》)。寒《さむ》い地方《ちほう》では，たねはできません。

水中《すいちゅう》での芽《め》ばえ

ホテイアオイは、水中《すいちゅう》でたねをみのらせ、やがて水《みず》の底《そこ》に落《お》とします。こうすれば、たねを乾《かん》そうからまもり、水中《すいちゅう》で発芽《はつが》させることができます。

冬《ふゆ》のあいだ、水《みず》の底《そこ》でねむっていたたねは、よく年《とし》の春《はる》、芽《め》ばえます。

芽《め》ばえたホテイアオイのなえは、土《つち》の中《なか》に根《ね》をのばして生長《せいちょう》していきます。でも、まだ葉《は》はほそ長《なが》く、陸上植物《りくじょうしょくぶつ》のなえとあまりかわりません。

やがて、葉《は》のえがふくらみ、そり返《かえ》るようにまがってくると、水《みず》の底《そこ》をはなれて水面《すいめん》にうき上《あ》がってきます。

葉《は》のえがふくらみ，葉《は》もまるい形《かたち》になってうかび上《あ》がったホテイアオイ。

たくさん芽《め》ばえたホテイアオイのなえ。先《さき》のとがったほそ長《なが》い葉《は》は，オモダカのなえ。

そのとき、いままで土《つち》の中《なか》にのびていた根《ね》は、かれてちぎれてしまいます。そして、うかび上《あ》がってから、ふたたび新《あたら》しい根《ね》がはえてくるのです。

このように、たねや実《み》を水中《すいちゅう》に落《お》とし、それで冬《ふゆ》をこす水草《みずくさ》は、ホテイアオイのほかにヒシやオニバスなどがあります。

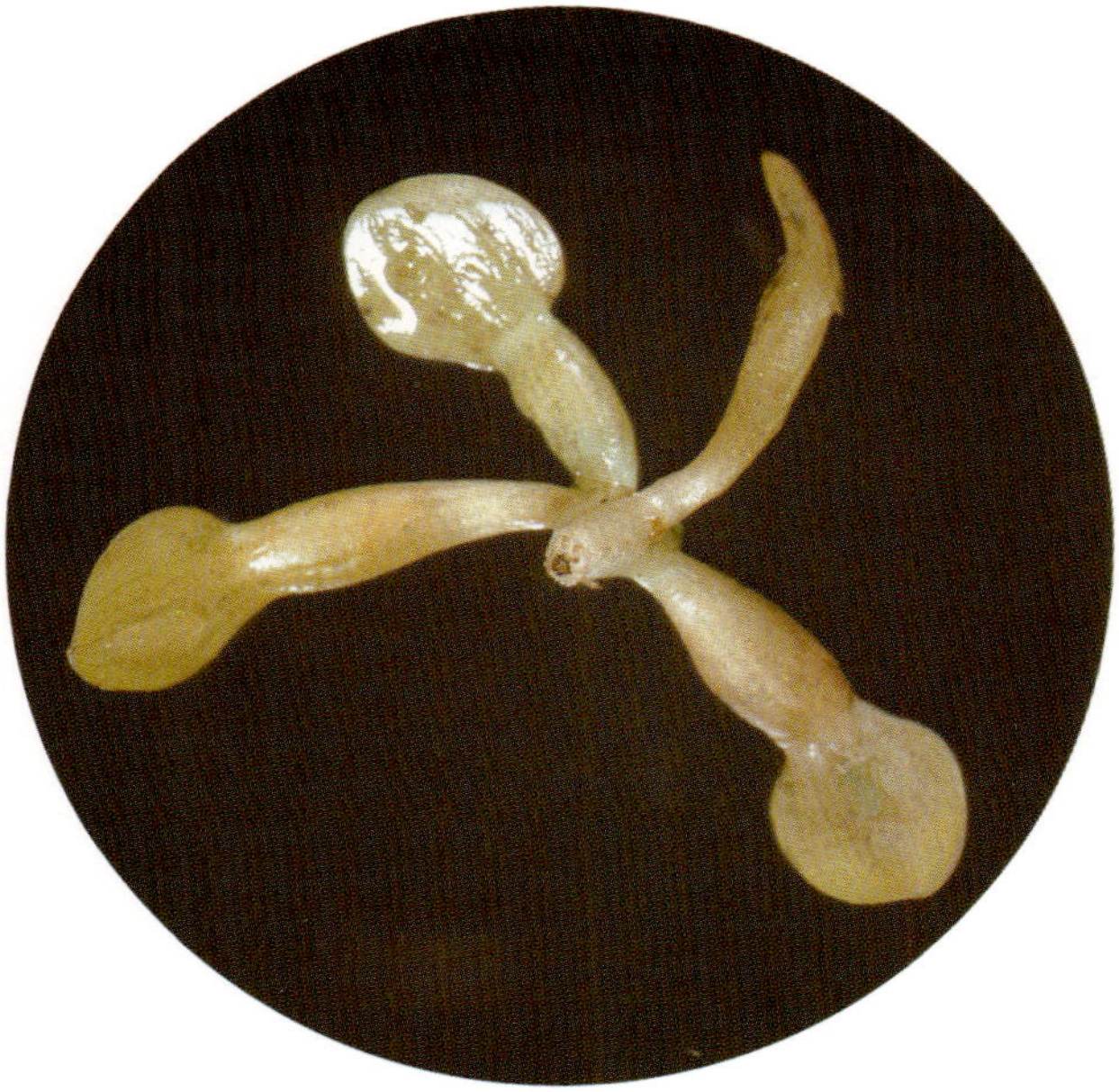

うかび上《あ》がったばかりのホテイアオイには，まだ新《あたら》しい根《ね》がはえていません。

水中《すいちゅう》でくらす水草《みずくさ》

←流《なが》れのよどんだ川《かわ》にはえるクロモやエビモ。それらの水草《みずくさ》にトンボが卵《たまご》をうみつけにきています。

↑流《なが》れのある川《かわ》にはえたリュウノヒゲモ。葉《は》はとてもほそく糸状《いとじょう》です。

↑流《なが》れのはやい川《かわ》の中《なか》にはえたバイカモ。葉《は》はほそく，筆《ふで》のような形《かたち》をしています。

ほそ長《なが》い茎《くき》や葉《は》

水草《みずくさ》のなかには、からだ全体《ぜんたい》を水中《すいちゅう》にしずめたままでくらすものもあります。

水中《すいちゅう》では、水《みず》が物《もの》をうかせようとする力《ちから》がはたらき、からだをささえる必要《ひつよう》がありません。そのため、水底《みずそこ》にはりついた根《ね》は貧弱《ひんじゃく》で、なかには根《ね》のないものもあります。

茎《くき》は、ほそくてやわらかいものが多《おお》く、葉《は》も糸状《いとじょう》のものや帯状《おびじょう》のものなど、水《みず》の流《なが》れにさからわないような形《かたち》をしています。

水中《すいちゅう》でくらす水草《みずくさ》も、生長《せいちょう》するためには、太陽《たいよう》の光《ひかり》が必要《ひつよう》です。そのため、太陽《たいよう》の光《ひかり》がとどかないような深《ふか》いところでは、育《そだ》つことができません。

クロモ
エビモ

ヒマワリの茎《くき》の断面《だんめん》

クロモの茎《くき》の断面《だんめん》

ヒマワリの茎《くき》は，からだをささえる組織《そしき》が発達《はったつ》しています。

オオカナダモの葉《は》と，茎《くき》の断面《だんめん》。葉《は》や茎《くき》の表面《ひょうめん》はとてもうすく，やわらかです。

葉《は》や茎《くき》でつくられる養分《ようぶん》

陸上植物《りくじょうしょくぶつ》は、光合成《こうごうせい》という養分《ようぶん》づくりを、おもに葉《は》でおこないます。根《ね》からすい上《あ》げた水《みず》と、葉《は》の気孔《きこう》からとり入《い》れた二酸化炭素《にさんかたんそ》と、太陽《たいよう》の光《ひかり》をつかって、葉緑体《ようりょくたい》のはたらきで養分《ようぶん》をつくるのです。

水中《すいちゅう》でくらす水草《みずくさ》も、葉《は》や茎《くき》から水《みず》と水中《すいちゅう》の二酸化炭素《にさんかたんそ》を直接《ちょくせつ》とり入《い》れて、光合成《こうごうせい》をおこないます。でも、葉《は》だけではなく、茎《くき》でも光合成《こうごうせい》がおこなわれます。

茎《くき》には、水分《すいぶん》を運《はこ》ぶ道管《どうかん》が退化《たいか》しているかわりに、空気《くうき》を送《おく》る管《くだ》が発達《はったつ》しています。この管《くだ》は、からだに不足《ふそく》する空気《くうき》をためて、うきやすくもしています。

⬆光合成《こうごうせい》の結果《けっか》できたよぶんの気体《きたい》を，あわにして出《だ》すオオカナダモ。

←光合成《こうごうせい》で，酸素《さんそ》をふくんだ気体《きたい》を出《だ》すコカナダモ。生物《せいぶつ》にとって酸素《さんそ》の必要《ひつよう》なことは，陸上《りくじょう》も水中《すいちゅう》も同《おな》じです。水草《みずくさ》は，水中《すいちゅう》の酸素《さん》素《そ》づくりにたいせつな役目《やくめ》をしています。

水中《すいちゅう》の酸素《さんそ》をふやす

水中《すいちゅう》でくらす水草《みずくさ》が、光合成《こうごうせい》をおこなうとき、葉《は》や茎《くき》から酸素《さんそ》をふくんだ気体《きたい》を出《だ》します。この気体《きたい》が水《みず》にとけ、水中《すいちゅう》の酸素量《さんそりょう》がふえていきます。

水《みず》にとけた酸素《さんそ》をとり入《い》れて呼吸《こきゅう》する魚《さかな》や、水中《すいちゅう》にすむ生《い》きものにとって、水草《みずくさ》はたいせつな役目《やくめ》をしているのです。そのうえ、水草《みずくさ》はえさとして、またかくれ場所《ばしょ》としても利用《りよう》されています。

➡お花《ばな》が熟《じゅく》してくると、お花《ばな》をつつんでいるふくろがやぶれ、中《なか》からお花《ばな》がうき上《あ》がってきます。円内《えんない》は、花粉《かふん》がはいっていたふくろと花粉《かふん》（まるいつぶ）。

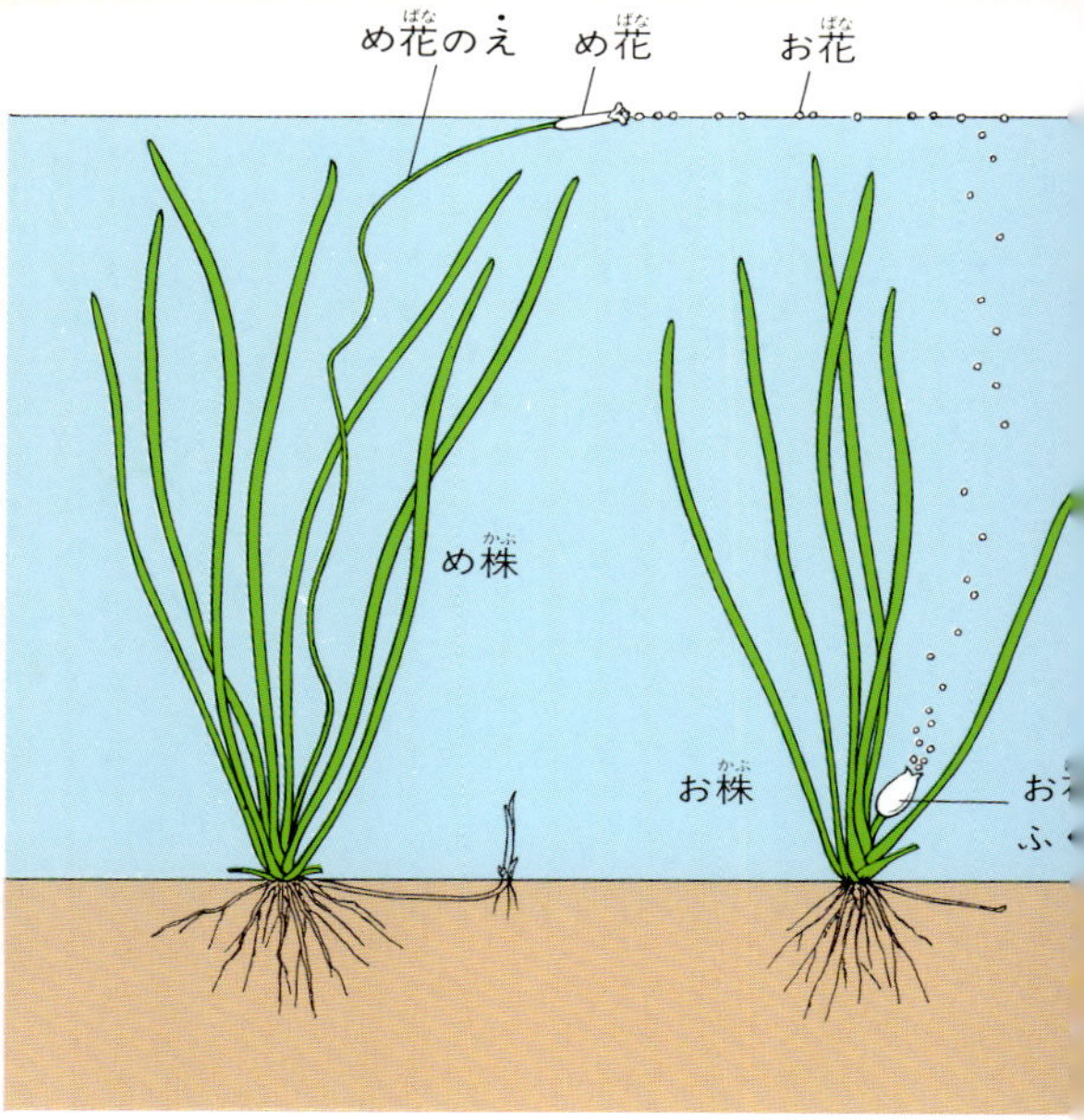

水面《すいめん》にさいたセキショウモのめ花《ばな》。め花《ばな》をつけたえは，1ｍ以上《いじょう》になることもあります。

水《みず》のたすけで受粉《じゅふん》する花《はな》

植物《しょくぶつ》がたねをつくるためには、おしべの花《か》粉《ふん》が、めしべにつかなければなりません。これが受粉《じゅふん》です。水草《みずくさ》のなかには、水《みず》のたすけをかりて受粉《じゅふん》するものがあります。

セキショウモは、お株《かぶ》とめ株《かぶ》にわかれ、それぞれにお花《ばな》とめ花《ばな》をさかせます。お花《ばな》は、多《おお》くの小《ちい》さな花《はな》が集《あつ》まっていて、お株《かぶ》の根《ね》もとにある卵形《たまごがた》のふくろにつつまれています。め花《ばな》は、め株《かぶ》の根《ね》もとから長《なが》くのびたえの先《さき》についていて、水面《すいめん》にうかんでいます。

やがて、お花《ばな》がふくろの中《なか》で熟《じゅく》すと、ふくろはやぶれ、中《なか》から小《ちい》さなお花《ばな》がつぎつぎと水面《すいめん》にうき上《あ》がっていきます。

↑水面《すいめん》にさいたセキショウモのめ花《ばな》に集《あつ》まったお花《ばな》。こうして受粉《じゅふん》がおこなわれます。
円内《えんない》はクロモの受粉《じゅふん》のようす。水面上《すいめんじょう》のめ花《ばな》(左《ひだり》)に流《なが》れてきたお花《ばな》が花粉《かふん》をつけます。

水面《すいめん》にうき上《あ》がったお花《ばな》からは、多《た》数《すう》の花粉《かふん》が出《で》てきます。花粉《かふん》は水《みず》に流《なが》され、運《うん》よくめ花《ばな》にたどりつくと受粉《じゅふん》します。でも、め花《ばな》にたどりつく花粉《かふん》は、ほんの少《すこ》しです。

ぶじに受粉《じゅふん》をすませため花《ばな》のえは、根《ね》もとかららせん状《じょう》にまいて、水中《すいちゅう》にめ花《ばな》をひきこんでしまいます。そして、水中《すいちゅう》でたねをみのらせます。

このように、水《みず》のたすけをかりて受《じゅ》粉《ふん》する花《はな》を、水媒花《すいばいか》とよんでいます。

水媒花《すいばいか》は、水中《すいちゅう》にしずんでくらす水《みず》草《くさ》だけに見《み》られ、ほかにクロモが知《し》られています。

↑水中《すいちゅう》にひきこまれた受粉《じゅふん》をおえたセキショウモのめ花《ばな》。えがまいています。

水面《すいめん》に葉《は》をうかべる水草《みずくさ》

⬆水面《すいめん》をおおった古《ふる》い葉《は》の上《うえ》に，たえず若《わか》い葉《は》をひろげていきます。

⬆水面上《すいめんじょう》にでてくると，やっと葉《は》をひろげはじめます。

⬆水中《すいちゅう》で生長《せいちょう》するスイレンの若《わか》い葉《は》。

水面《すいめん》をおおう葉《は》

水《みず》の底《そこ》に地下茎《ちかけい》や根《ね》をはり、茎《くき》と葉《は》のえを水面《すいめん》までのばして、葉《は》をうかべている水草《みずくさ》もあります。このような水草《みずくさ》は、できるだけ多《おお》く太陽《たいよう》の光《ひかり》をあびるように、かぎられた水面《すいめん》を大《おお》きな葉《は》でうめつくしてくらします。

水中《すいちゅう》のスイレンの若《わか》い葉《は》は、両側《りょうがわ》からまいていて、筒《つつ》のような姿《すがた》で生長《せいちょう》します。こうすれば水《みず》の抵抗《ていこう》も小《ちい》さくてすみます。水面《すいめん》をおおっている葉《は》がたくさんあっても、そのすきまからでてくることもできます。

スイレンの葉《は》は、まいたまま水面《すいめん》までのびてきて、そこではじめてひらき、水面《すいめん》や古《ふる》い葉《は》の上《うえ》にうかびます。

↓←水面《すいめん》に葉《は》が出《で》てからわずか1～2か月《げつ》で，直径《ちょっけい》が1～2ｍにも生長《せいちょう》するオニバスの葉《は》。水中《すいちゅう》ではにぎりこぶしのようにとじていた葉《は》が，水面《すいめん》に出《で》てからひらいていきます。

水面《すいめん》にうかぶオゼコウホネの葉《は》。葉《は》の表側《おもてがわ》は，水《みず》をはじくようになっています。

くらしにあわせた三つのタイプの葉《は》

コウホネのなかまは、水温《すいおん》や水《みず》の深《ふか》さ、水《みず》の流《なが》れなどにあわせて、三つのタイプの葉《は》をだすことがあります。

春《はる》、水温《すいおん》が上《あ》がってくると、水中葉《すいちゅうよう》という、サラダ菜《な》のようなうすい葉《は》を水中《すいちゅう》にひろげます。

そして夏《なつ》が近《ちか》づくと、別《べつ》の葉《は》のえをのばして、つやのある葉《は》を水面《すいめん》にうかべます。やがて、水面《すいめん》が葉《は》でおおわれると、こんどはしっかりした葉《は》のえをのばして、空中《くうちゅう》に葉《は》をひろげます。

これもかぎられた場所《ばしょ》で、より多《おお》く太陽《たいよう》の光《ひかり》をあびるためのくふうです。

↑空中《くうちゅう》にひらいたコウホネの葉《は》と花《はな》
うく葉《は》を浮葉《ふよう》，空中《くうちゅう》の葉《は》を空中葉《くうちゅうよう》
とよんでいます。

←右《みぎ》は，コウホネの水中葉《すいちゅうよう》。地下茎《ちかけい》は水底《みずそこ》からほり出《だ》しました。左《ひだり》はオゼコウホネの水中葉《すいちゅうよう》。オゼコウホネには，空中葉《くうちゅうよう》はできません。

ハスの地下茎《ちかけい》をほりだしたところ。茎《くき》の節《ふし》ごとに根《ね》と葉《は》をのばします。

大賀《おおが》ハスの花《はな》。大賀《おおが》ハスは，昭和《しょうわ》26年《ねん》に発見《はっけん》された約《やく》2,000年前《ねんまえ》のたねが生長《せいちょう》したものです。

発達《はったつ》した地下茎《ちかけい》

ハスは、地下茎《ちかけい》を水底《みずそこ》のどろの中《なか》に横《よこ》にのばして、生長《せいちょう》していきます。

ハスの地下茎《ちかけい》には、空中《くうちゅう》にのびた葉《は》からつながった管《くだ》が、たくさんあります。葉《は》ですいこんだ空気《くうき》が、この管《くだ》を通《とお》って、地下茎《ちかけい》まで送《おく》られてくるのです。

夏《なつ》のあいだ、ハスの地下茎《ちかけい》は、いくつにも枝《えだ》わかれして生長《せいちょう》します。秋《あき》になると葉《は》でつくられた養分《ようぶん》が、地下茎《ちかけい》の先《さき》の部分《ぶぶん》にたくわえられて太《ふと》くなります。これがレンコンです。そして冬《ふゆ》、レンコンは、たくわえられた養分《ようぶん》や太《ふと》い管《くだ》にためた空気《くうき》をつかいながら冬《ふゆ》をこします。

①葉《は》のつけ根部分《ねぶぶん》の断面《だんめん》。葉《は》の先《さき》まで管《くだ》が通《とお》っています。

②葉《は》のえの断面《だんめん》。大小《だいしょう》のあながたくさんあいています。

③レンコンの断面《だんめん》。地下茎《ちかけい》の先《さき》の三節《せつ》が生長《せいちょう》したもの。

※冬《ふゆ》、花《はな》や葉《は》、葉《は》のえはかれてしまい、レンコンだけが生《い》きています。

⬅オニビシの芽《め》ばえ。とげは水《みず》の底《そこ》にからだを固定《こてい》する役目《やくめ》もしています。

⬆水中《すいちゅう》で実《み》をみのらせるヒシ。実《み》のとげからとげまで3〜4cm，重《おも》さ約《やく》2g。

⬆水面《すいめん》にさいたヒシの花《はな》とやってきたアリ。葉《は》のえはふくらんでいて，うく役目《やくめ》をしています。

大《おお》きな実《み》で冬《ふゆ》をこす

ヒシは、ひし形《がた》の葉《は》を水面《すいめん》にうかべてくらす水草《みずくさ》です。夏《なつ》、水面《すいめん》で花《はな》をさかせ、昆虫《こんちゅう》のたすけで受粉《じゅふん》すると、水中《すいちゅう》にもぐって実《み》をつくります。実《み》は熟《じゅく》すと、水《みず》の底《そこ》にしずんで冬《ふゆ》ごしをします。

ヒシの実《み》は、水草《みずくさ》の実《み》のなかでは大《おお》きな方《ほう》で、かたいからにつつまれています。また、実《み》にはがくの変化《へんか》したとげがあり、水鳥《みずとり》のはねにくっついて、遠《とお》くの湖《みずうみ》や沼《ぬま》まで運《はこ》ばれていくこともあります。

春《はる》になると、ヒシの実《み》は芽《め》ばえ、たくわえられた養分《ようぶん》をつかい、水《みず》の底《そこ》から水面《すいめん》まで、一気《いっき》に生長《せいちょう》をはじめます。

秋《あき》も深《ふか》まり、水《みず》べにはえたガマのたねが、風《かぜ》に飛《と》ばされていきます。池《いけ》や沼《ぬま》、川《かわ》の中《なか》の水草《みずくさ》たちも、生《せい》長《ちょう》をやめ、冬《ふゆ》ごしにはいります。

＊水《みず》のくらしにもどった植物《しょくぶつ》

⬆右《みぎ》，陸上《りくじょう》でくらすキツネノボタン。左《ひだり》，水中《すいちゅう》でくらすバイカモ。どちらもキンポウゲのなかまですが，水中《すいちゅう》でくらすバイカモは，水中《すいちゅう》のくらしにあった形《かたち》をしています。

地球上《ちきゅうじょう》に初《はじ》めて生物《せいぶつ》がたん生《じょう》したのは、いまから約《やく》三十億年《おくねん》以上《いじょう》も前《まえ》の、海《うみ》の中《なか》でした。その生物《せいぶつ》は、カビのような原始的《げんしてき》な植物《しょくぶつ》のなかまでした。

いまから約《やく》五～四億年前《おくねんまえ》、それらの植物《しょくぶつ》から進化《しんか》したものが、少《すこ》しずつ水《みず》をはなれて、海岸《かいがん》の潮《しお》だまりや湿地《しっち》でくらしはじめました。やがて、いまから約《やく》二億《おく》年前《ねんまえ》、花《はな》をさかせ、たねをつくる種子植物《しゅししょくぶつ》があらわれ、完全《かんぜん》に陸上《りくじょう》でくらせる植物《しょくぶつ》へとかわっていきました。

でも、一度《ど》陸《りく》に上《あ》がった種子植物《しゅししょくぶつ》のなかから、もとの水《みず》べや水中《すいちゅう》のくらしにもどっていった植物《しょくぶつ》がありました。これが水草《みずくさ》です。動物《どうぶつ》でも、進化《しんか》したほ・乳類《にゅうるい》のなかに、クジラやイルカのように、ふたたび水中《すいちゅう》でくらすようになったものがいます。これと同《おな》じです。

そのしょうこに、ふだんはまったく水中《すいちゅう》でくらす水《みず》草《くさ》の多《おお》くが、水面《すいめん》よりも上《うえ》で花《はな》をさかせ、受粉《じゅふん》します。ただ、水《みず》べや水中《すいちゅう》でのくらしにあわせて、葉《は》や茎《くき》、根《ね》などのからだのつくりを、かえてしまったのです。

水《みず》の深《ふか》さによる水草《みずくさ》のすみわけ

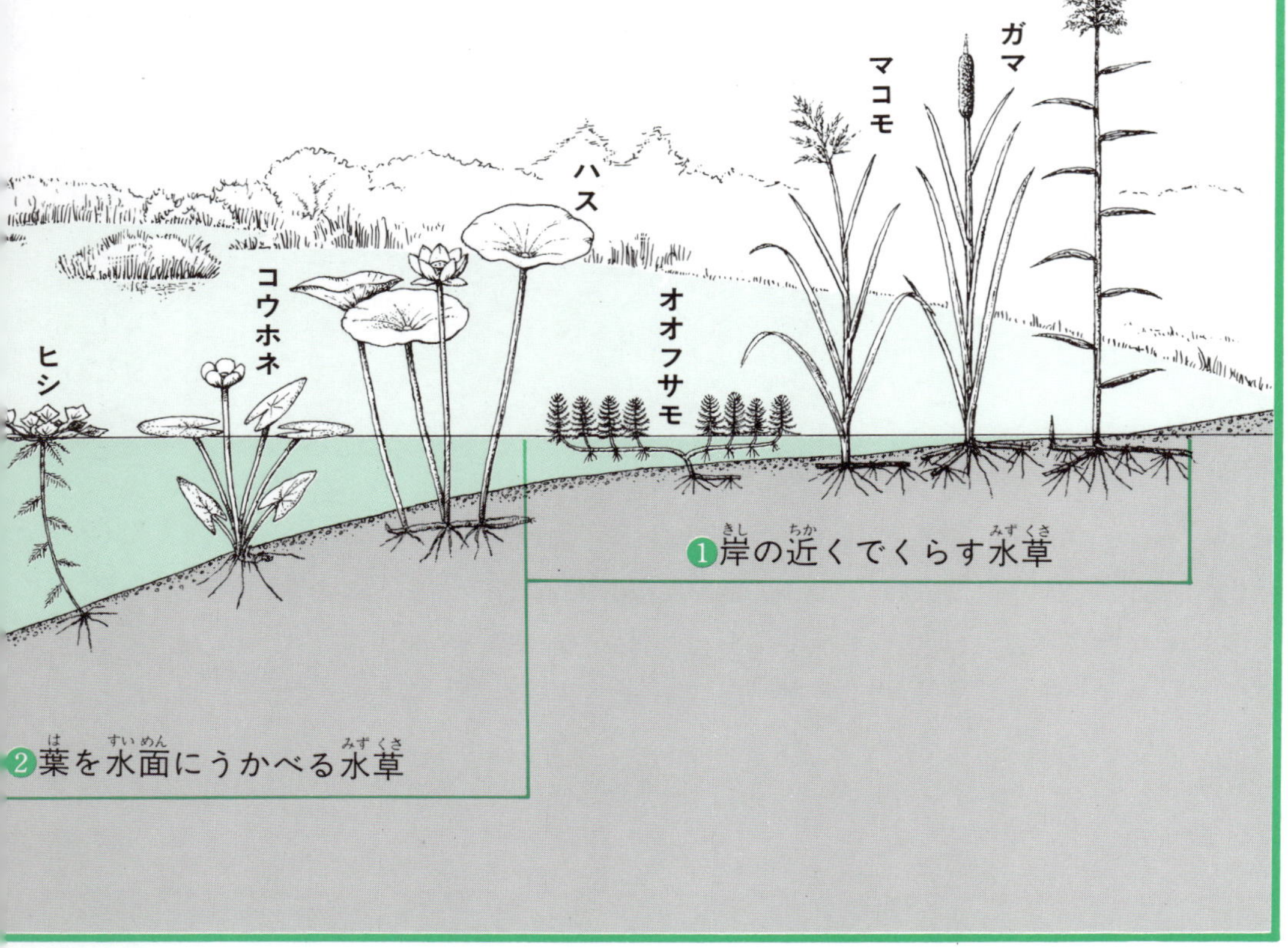

水《みず》草《くさ》の育《そだ》つ池《いけ》や沼《ぬま》、川《かわ》には、水《みず》の浅《あさ》いところや深《ふか》いところがあります。水《すい》温《おん》もちがいます。流《なが》れのあるところやないところ、きれいな水《みず》やよごれた水《みず》、さらには、水《みず》底《そこ》がどろのところや砂《すな》のところなど、さまざまです。

　このように、育《そだ》つ場《ば》所《しょ》の条《じょう》件《けん》がちがうと、そこに育《そだ》つ植《しょく》物《ぶつ》の種《しゅ》類《るい》もちがいます。これを、すみわけといいます。

①岸《きし》に近《ちか》い浅《あさ》いところには、根《ね》や茎《くき》の一《いち》部《ぶ》だけが水《すい》中《ちゅう》で、茎《くき》や葉《は》を空《くう》中《ちゅう》にのばした水《みず》草《くさ》が育《そだ》ちます。岸《きし》は、いつも波《なみ》にあらわれたり、水《みず》がふえたりへったりするので、太《ふと》い根《ね》や地《ち》下《か》茎《けい》を、地《ち》中《ちゅう》にしっかりはっています。

　これらの水《みず》草《くさ》は、水《みず》のよごれには、あまりえいきょうされません。

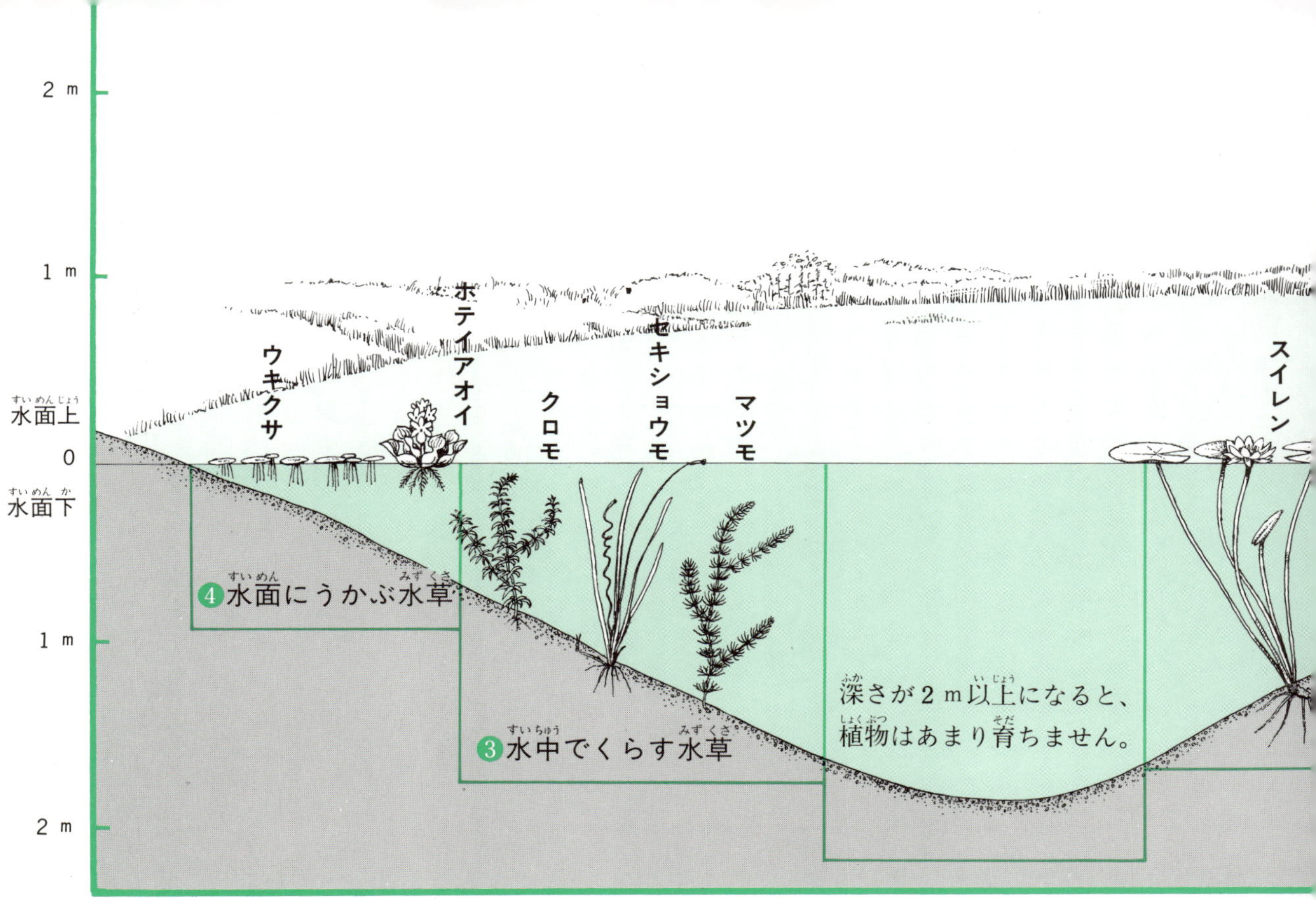

2 岸《きし》をはなれて深《ふか》くなっていくと、水《みず》底《そこ》に根《ね》や地下茎《ちかけい》をはり、長《なが》い茎《くき》をのばして、葉《は》を水面《すいめん》にうかべてくらす水草《みずくさ》が育《そだ》ちます。短期間《たんきかん》に急生長《きゅうせいちょう》するものが多《おお》く、水底《みずそこ》がやわらかく、流《なが》れのない池《いけ》や沼《ぬま》などにすみついています。

3 これとほぼ同《おな》じ深《ふか》さのところに、からだ全体《ぜんたい》を水中《すいちゅう》にしずめたままでくらす水草《みずくさ》もあります。このような水草《みずくさ》は、水中《すいちゅう》で光合成《こうごうせい》や呼吸《こきゅう》をするため、太陽《たいよう》の光《ひかり》のとどく、酸素量《さんそりょう》の多《おお》い、きれいな水《みず》の中《なか》でしか生長《せいちょう》できません。

そのため、おもにわき水《みず》のあるきれいな池《いけ》や沼《ぬま》、小川《おがわ》などにすみついています。

4 このほか、ほとんど流《なが》れのない沼《ぬま》や水田《すいでん》には、水面《すいめん》にういたり、水面《すいめん》をただよってくらす水草《みずくさ》もあります。

＊水《みず》の深《ふか》さの変化《へんか》に適応《てきおう》したくらし

水草《みずくさ》の育《そだ》つ池《いけ》や沼《ぬま》、川《かわ》、水田《すいでん》などは、雨《あめ》や日《ひ》でりなどの気象条件《きしょうじょうけん》によって、たえず水《みず》の深《ふか》さがかわります。そのため、水草《みずくさ》の多《おお》くは、水《みず》の深《ふか》さがかわっても、それに適応《てきおう》できる、とくべつなくらし方《かた》をしています。

●のび上《あ》がるガガブタの茎《くき》

葉《は》のえや茎《くき》をのばして水面《すいめん》に葉《は》をうかべてくらす水草《みずくさ》は、おもに葉《は》の表面《ひょうめん》で光合成《こうごうせい》をおこないます。もし水《みず》がふえ、葉《は》が水中《すいちゅう》にしずんだら、光合成《こうごうせい》ができません。陸上植物《りくじょうしょくぶつ》の茎《くき》や葉《は》のえは、いったん生《せい》長《ちょう》したら二度《ど》とのびません。でもガガブタは、葉《は》が水中《すいちゅう》にしずんだら、そのたびに茎《くき》をのばし、葉《は》を水《すい》面《めん》にうかべることができます。ガガブタの茎《くき》は、一日《にち》に約《やく》十五センチメートルものびることがあります。

⬆水《みず》が深《ふか》くなると，ガガブタは茎《くき》をのばします(下《した》)。

●オオフサモの葉《は》の運動《うんどう》と葉《は》の変化《へんか》

オオフサモは、池《いけ》や沼《ぬま》の浅《あさ》いところに育《そだ》ち、鳥《とり》のはねの形《かたち》をした葉《は》を、車《くるま》の車輪《しゃりん》のように放射状《ほうしゃじょう》に空《くう》中《ちゅう》にひろげています。

水《みず》がふえ、葉《は》が水中《すいちゅう》にしずんでしまうと、葉《は》をとじ、葉《は》の内側《うちがわ》に空気《くうき》をためて、水《みず》がひくのをまちます。でも、なん日《にち》も水《みず》がひかないと、水中《すいちゅう》にしずんだ葉《は》はやがてかれて、空中《くうちゅう》に別《べつ》の新《あたら》しい葉《は》をのばします。

⬆水《みず》にしずむとオオフサモの葉《は》はとじてしまいます(下《した》)。

陸上《りくじょう》でも育《そだ》つホテイアオイ

ホテイアオイが、水《みず》の深《ふか》さにあわせてどんな育《そだ》ち方《かた》をするのか、しらべてみましょう。一つは、水《みず》にうかべて育《そだ》てます。もう一つは、土《つち》の上《うえ》に水《みず》を浅《あさ》くはったところで育《そだ》てます。二十日《はつか》ほどたって、二つをくらべてみましょう。

水《みず》にうかべて育《そだ》てたホテイアオイは、葉《は》のえの一《いち》部《ぶ》がふくらんで水《みず》にうかび、背《せ》たけはあまりのびていません。それにくらべて、土《つち》の上《うえ》で育《そだ》てたホテイアオイは、葉《は》のえがほそ長《なが》くのび、背《せ》たけも高《たか》くなっています。ホテイアオイは、少《すこ》し水《みず》があれば、陸《りく》上《じょう》でもくらすことができるのです。

↑ホテイアオイを土《つち》の上《うえ》で育《そだ》てたもの(右《みぎ》)と，水《みず》にうかべて育《そだ》てたもの(左《ひだり》)。

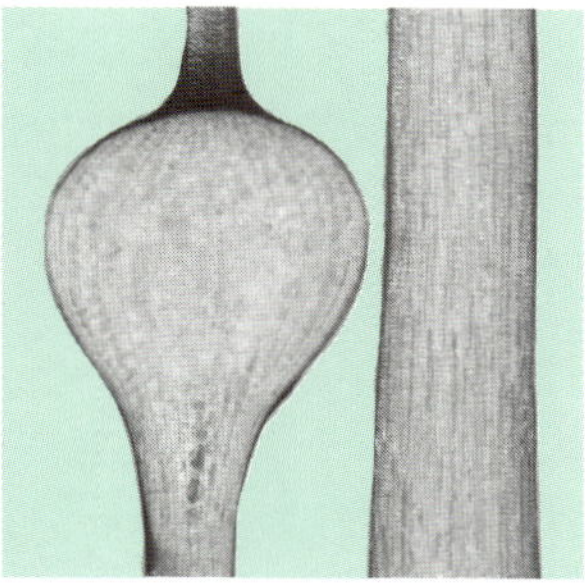

←葉《は》のえの縦断面《じゅうだんめん》。水《みず》にうかべて育《そだ》てた方《ほう》はふくらみ(左《ひだり》)，土《つち》の上《うえ》の方《ほう》はほそ長《なが》い。

コナギの受粉《じゅふん》

コナギは、おもに水田《すいでん》で育《そだ》ち、夏《なつ》、青《あお》むらさき色《いろ》の花《はな》をさかせ、昆虫《こんちゅう》のたすけをかりて受粉《じゅふん》します。

コナギは、高《たか》さが十〜三十センチメートルほどしかなく、水《みず》がふえると、水中《すいちゅう》にしずんでしまうことがあります。でも、コナギは、水中《すいちゅう》で花《はな》をとじたまま、おしべの花粉《かふん》がめしべについて受粉《じゅふん》し、たねをつくることもできます。

コナギの花《はな》には、一本《ぽん》のめしべと六本《ぽん》のおしべがあり、一本《ぽん》のおしべがとくに大《おお》きくなっています。その大《おお》きなおしべの花粉《かふん》ぶくろに、めしべが頭《あたま》をこすりつけるようにして受粉《じゅふん》します。

→水上《すいじょう》で花《はな》をさかせたコナギ。

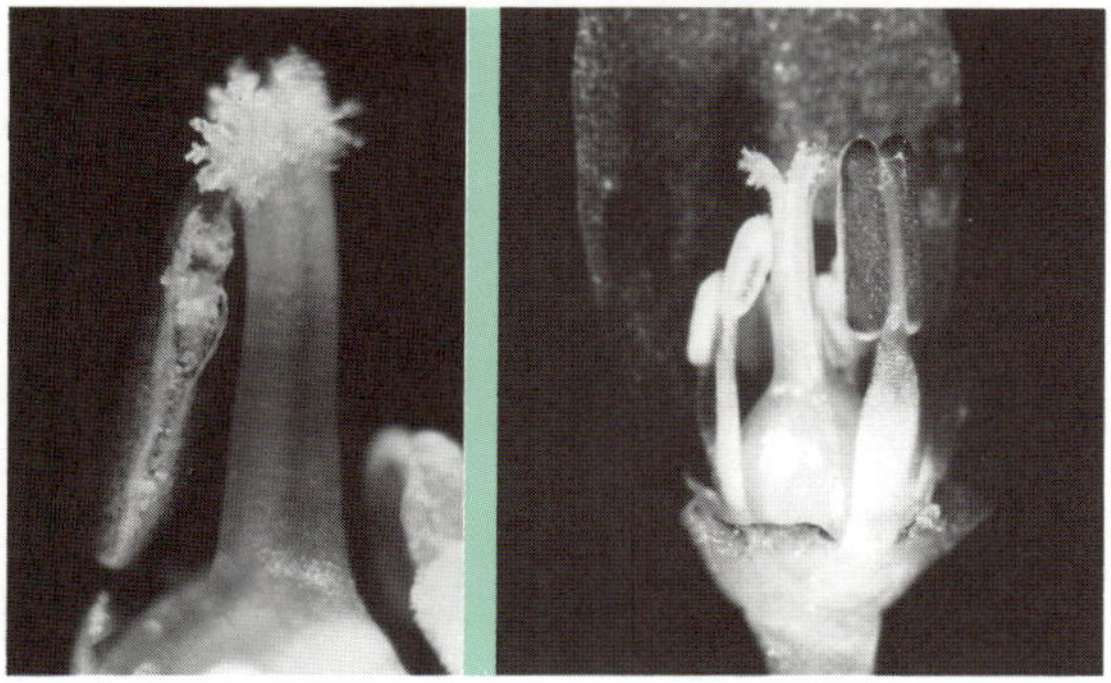

↓↘6枚《まい》ある花《はな》びらを1枚《まい》だけ残《のこ》したところ(右《みぎ》)。大《おお》きなおしべにくっついて受粉《じゅふん》するめしべ(左《ひだり》)。

＊水草《みずくさ》のなかまのふやし方《かた》

⬆オオフサモの茎《くき》からのびたほそい根《ね》。茎《くき》の長《なが》さは1ｍ以上《いじょう》にもなります。

折《お》れた茎《くき》からなかまをふやす

⬆コカナダモの茎《くき》の一部《いちぶ》。節《ふし》から新《あたら》しく芽《め》と根《ね》をのばしています。

水草《みずくさ》は、同《おな》じなかまが群《む》れになって育《そだ》つのがとくちょうです。しかも、数株《すうかぶ》の水草《みずくさ》が、夏《なつ》のあいだに、どんどんなかまをふやしていきます。

水草《みずくさ》が急速《きゅうそく》にふえるひみつは、なによりも、植物《しょくぶつ》の生長《せいちょう》にかかせない水《みず》が、まわりに豊富《ほうふ》にあり、水《みず》の中《なか》には養分《ようぶん》もたくさんあるからです。そのうえ、水草《みずくさ》はたねのほかに、急速《きゅうそく》になかまをふやすしくみをそなえているのです。

●折《お》れた茎《くき》からなかまをふやす　外国《がいこく》からわたってきたコカナダモは、日本《にっぽん》にはめ・株《かぶ》がなく、お・株《かぶ》だけがすみついています。

コカナダモの茎《くき》には、多《おお》くの節《ふし》があり、ほそ長《なが》くて折《お》れやすくなっています。折《お》れた茎《くき》の一《いち》部《ぶ》は、水《みず》に流《なが》されながら芽《め》と根《ね》をのばし、やがて、根《ね》が水底《みずそこ》につくと、そこで生長《せいちょう》します。

同《おな》じく外国《がいこく》からわたってきたオオフサモは、反対《はんたい》にめ・株《かぶ》だけがすみついています。

株《かぶ》わかれしてなかまをふやす

ホテイアオイの親株《おやかぶ》からのびた子株《こかぶ》。白《しろ》い枝状《えだじょう》のものが，ランナーです。

養分《ようぶん》をたくわえた芽《め》でなかまをふやす

ガガブタのちぎれた葉《は》の下《した》には，養分《ようぶん》をたくわえた根《ね》のようにみえる芽《め》ができます。

オオフサモは、茎《くき》の節《ふし》ごとに根《ね》をのばし、水《みず》底《そこ》にからだを固定《こてい》しながら、生長《せいちょう》していきます。そして、茎《くき》の一部《いちぶ》が切《き》れ、もとの株《かぶ》をはなれても、新《あたら》しい株《かぶ》として成長《せいちょう》することができます。

●**株《かぶ》わかれしてなかまをふやす**　ホテイアオイは、親株《おやかぶ》から子株《こかぶ》をのばし、やがて子株《こかぶ》は親株《おやかぶ》からはなれて、生長《せいちょう》していきます。一株《かぶ》が八か月《げつ》で六千株《せんかぶ》にもふえる、といわれています。

●**養分《ようぶん》をたくわえた芽《め》でなかまをふやす**　ガガブタは、ほそ長《なが》い茎《くき》を水底《みずそこ》からのばし、水面近《すいめんちか》くで、葉《は》のえにかわります。そのわかれ目《め》に、養分《ようぶん》をたくわえた太《ふと》い根《ね》のような芽《め》ができます。

ガガブタの茎《くき》は折《お》れやすく、ちぎれると、水《すい》面《めん》にうかんでいる葉《は》についたまま風《かぜ》に流《なが》されます。岸《きし》にたどりつくと、養分《ようぶん》をたくわえた芽《め》から根《ね》をだし、生長《せいちょう》していきます。

また、養分《ようぶん》をたくわえたこの芽《め》は、秋《あき》になると水底《みずそこ》にしずみ、冬《ふゆ》ごしをします。

＊水草《みずくさ》の冬《ふゆ》ごし

芽《め》を出《だ》して生長《せいちょう》するオニビシ。ヒシのなかまは，実《み》で冬《ふゆ》ごしをします。

タヌキモの越冬芽《えっとうが》が生長《せいちょう》していくようす。左《ひだり》から三つ，生長順《せいちょうじゅん》にならべてあります。

植物《しょくぶつ》のなかには、アサガオやヒマワリのように、花《はな》をさかせ、たねをつくってかれていくものがあります。これらの植物《しょくぶつ》は、一年《ねん》で親《おや》から子《こ》へたねでいのちをうけついでいったことになります。

チューリップやユリは、球根《きゅうこん》とよばれる地下茎《ちかけい》の変《へん》化《か》したものを残《のこ》して、かれていきます。これらの植物《しょくぶつ》は、球根《きゅうこん》で冬《ふゆ》ごしをして、よく年《ねん》、球根《きゅうこん》から芽《め》と根《ね》をのばして生長《せいちょう》します。

それらにくらべてタンポポは、たねもつくりますが、冬《ふゆ》のあいだも葉《は》を小《ちい》さくして生《い》きつづけ、よく年《ねん》、また生長《せいちょう》していきます。

水草《みずくさ》にも、このような三つのタイプがあります。なかでも水草《みずくさ》のとくちょうとして、養分《ようぶん》をたくわえた芽《め》をつくり、この芽《め》が水底《みずそこ》で冬《ふゆ》ごしをするものが多《おお》いことです。このような冬《ふゆ》ごし用《よう》の芽《め》(越冬芽《えっとうが》)は、ふつう茎《くき》や地下茎《ちかけい》の先《さき》にできますが、茎《くき》の先《さき》に葉《は》をたくさんつけて、中《なか》に芽《め》をまるくつつんだものもあります。

たね以外《いがい》のいろいろな冬《ふゆ》ごし

1年中《ねんじゅう》かれない水草《みずくさ》

エビモ、オオカナダモ、コカナダモなどは、一年中《ねんじゅう》かれることがありません。でも、冬《ふゆ》のあいだはほとんど生長《せいちょう》しません。オオカナダモは、茎《くき》の先《さき》に小《ちい》さな葉《は》がたくさんあつまり、不完全《ふかんぜん》な形《かたち》の越冬《えっとう》芽《が》をつくって、冬《ふゆ》ごしをします。

オオカナダモの越冬芽《えっとうが》。

越冬芽《えっとうが》で冬《ふゆ》ごしをする水草《みずくさ》

ウキクサ、クロモ、タヌキモ、ヒルムシロ、コウガイモなどが、このタイプです。越冬芽《えっとうが》のでき方《かた》は、種類《しゅるい》によってちがいますが、どれも養分《ようぶん》をたくわえていて、よく年《ねん》の春《はる》、その養分《ようぶん》をつかって芽《め》を出《だ》し、生長《せいちょう》していきます。

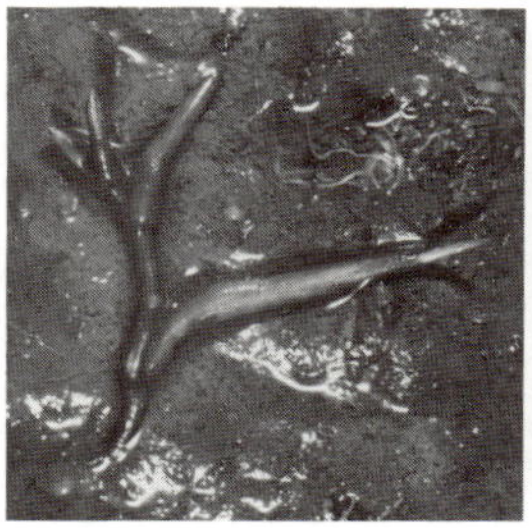

冬《ふゆ》ごしをするヒルムシロの越冬芽《えっとうが》。

越冬芽《えっとうが》から根《ね》や葉《は》をだすコウガイモ。

養分《ようぶん》をたくわえた芽《め》で夏《なつ》をこす水草《みずくさ》

エビモは一年中《ねんじゅう》かれることなく生長《せいちょう》します。そして、ほかの水草《みずくさ》とは反対《はんたい》に、初夏《しょか》に養分《ようぶん》をたくわえた芽《め》（夏芽《かが》）をつくります。この芽《め》は、秋《あき》になってから芽《め》を出《だ》します。そのためエビモは、冬《ふゆ》のあいだも生長《せいちょう》がみられる水草《みずくさ》です。

生長《せいちょう》をはじめたエビモの夏芽《かが》。初夏《しょか》、茎《くき》の先《さき》に夏芽《かが》をつくります。夏芽《かが》には、ふちに突起《とっき》のある葉《は》が数枚《すうまい》ついています。

地下茎《ちかけい》で冬《ふゆ》ごしをする水草《みずくさ》

ハス、コウホネ、スイレン、ヨシ、マコモなどが、このタイプです。葉《は》や茎《くき》がかれても、養分《ようぶん》をためた地下茎《ちかけい》で冬《ふゆ》ごしをし、よく年《ねん》の春《はる》、生長《せいちょう》していきます。また、ガガブタは、越冬芽《えっとうが》と地下茎《ちかけい》の両方《りょうほう》で冬《ふゆ》ごしをします。

養分《ようぶん》をたくわえたハスの地下茎《ちかけい》（レンコン）。

*ウキクサのかんさつ

田植《たう》えのおわったころの水田《すいでん》に行《い》くと、日本中《にっぽんじゅう》、どこでもウキクサを採集《さいしゅう》することができます。実際《じっさい》にウキクサを育《そだ》てて、かんさつしてみましょう。また、種類《しゅるい》のちがうウキクサを採集《さいしゅう》して、それぞれをくらべてみましょう。

●いろいろな水《みず》で、ふえ方《かた》をしらべてみよう

水田《すいでん》の水《みず》と土《つち》

8 月《がつ》19 日《にち》

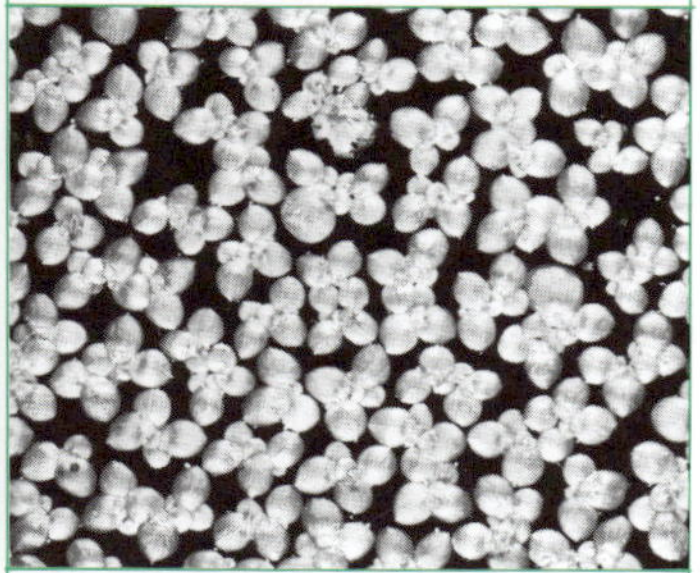

9 月《がつ》10 日《か》

水道《すいどう》の水《みず》と砂《すな》

8 月《がつ》19 日《にち》

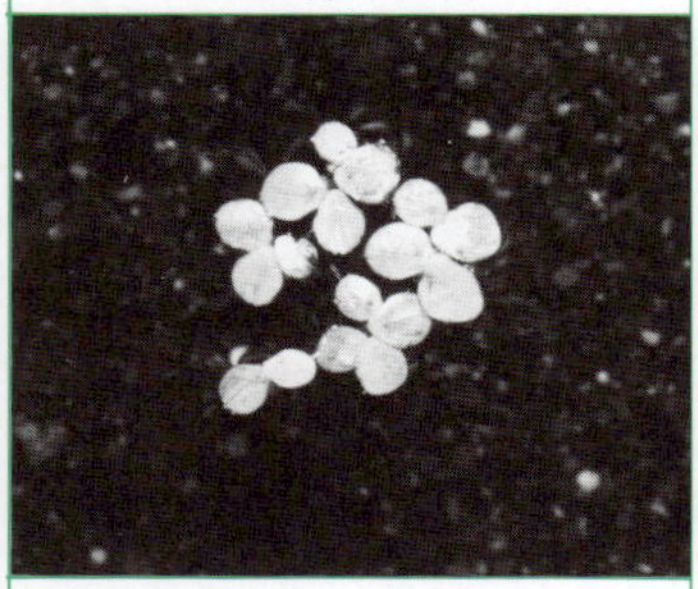

9 月《がつ》10 日《か》

採集《さいしゅう》したウキクサを、いろいろと条件《じょうけん》をかえて、ふえ方《かた》のちがいをしらべてみましょう。

ここでは、一つの水《すい》そうに、水田《すいでん》の土《つち》と水《みず》を入《い》れ、日当《ひあ》たりのよいところにおいておきました。水温《すいおん》が、三十度《ど》以上《いじょう》にならないよう注意《ちゅうい》します。

もう一つの水《すい》そうには、きれいな川《かわ》の砂《すな》と水《すい》道《どう》の水《みず》を入《い》れ、日《ひ》かげにおいておきました。水温《すいおん》は、二十六度《ど》以上《いじょう》には上《あ》がりませんでした。

上《うえ》の写真《しゃしん》が、そのようすです。水道《すいどう》の水《みず》で日《ひ》かげにおいたウキクサは、とうとうかれはじめました。養分《ようぶん》や太陽《たいよう》の光《ひかり》が、ウキクサの生長《せいちょう》にかかせないことがよくわかります。

越冬芽《えっとうが》のできるようすをかんさつしよう

十月中旬《がつちゅうじゅん》、ウキクサの葉状体《ようじょうたい》の、いつも新《あたら》しい芽《め》のでるところに、いままでの芽《め》とは少《すこ》しちがった、黒《くろ》っぽい色《いろ》の芽《め》がでてきました。

それから三～四日《か》たつと、同《おな》じような芽《め》がならんででき、そのまま生長《せいちょう》しなくなりました。

さらに四～五日《にち》たつと、黒《くろ》っぽい小《ちい》さな芽《め》は、葉状体《ようじょうたい》からはなれて、水《みず》の底《そこ》にしずんでいきました。これが養分《ようぶん》をためて冬《ふゆ》ごしをする、ウキクサの越冬芽《えっとうが》です。

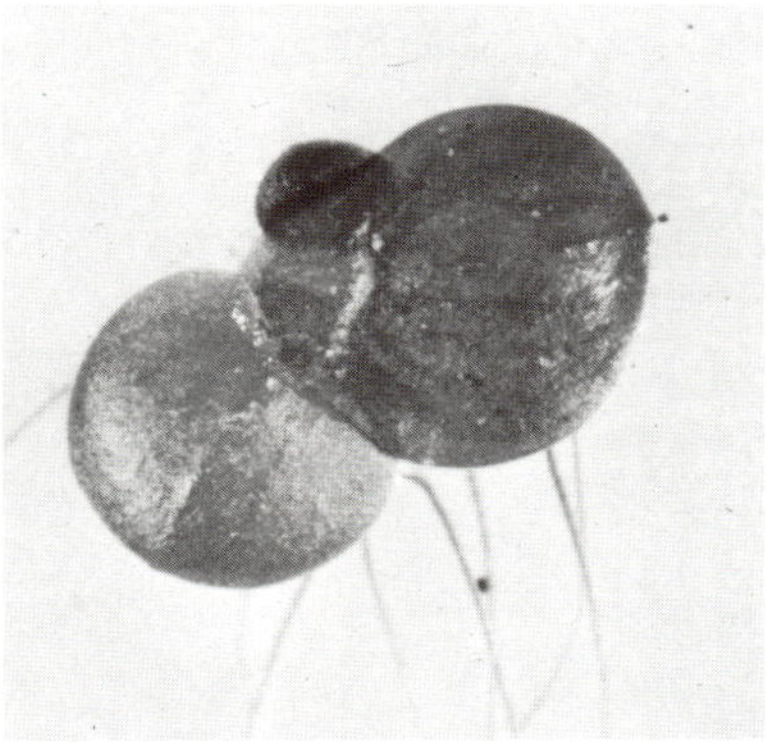

➡ウキクサの葉状体《ようじょうたい》のわきにできた、黒《くろ》っぽい色《いろ》の越冬芽《えっとうが》。ここに養分《ようぶん》がたくわえられています。

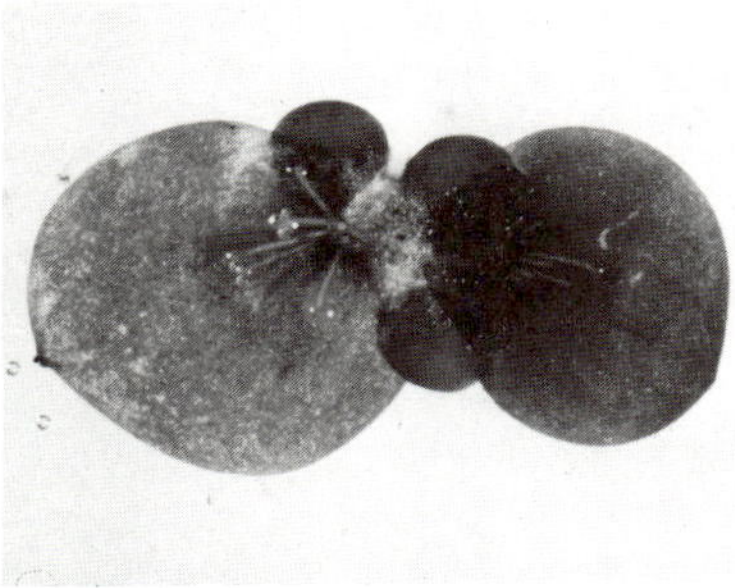

⬅葉状体《ようじょうたい》をうらから見《み》たところ。越冬芽《えっとうが》が三つ見《み》えます。

発芽《はつが》のようすをかんさつしよう

ウキクサの越冬芽《えっとうが》を保存《ほぞん》して、よく年《ねん》の春《はる》、芽《め》の出《で》るようすをかんさつしてみましょう。

シャーレにしめらせた土《つち》を入《い》れ、その上《うえ》に越《えっ》冬芽《とうが》をのせ、冷蔵庫《れいぞうこ》に入《い》れて、気温《きおん》十度《ど》くらいで保存《ほぞん》します。

五月《がつ》、日《ひ》なたのあたたかい水《みず》のはいった水《すい》そうに、越冬芽《えっとうが》を入《い》れます。はじめしずんでいた越冬芽《えっとうが》が、四～五日《にち》たつとうき上《あ》がり、やがて、うすみどり色《いろ》の芽《め》を出《だ》してきます。

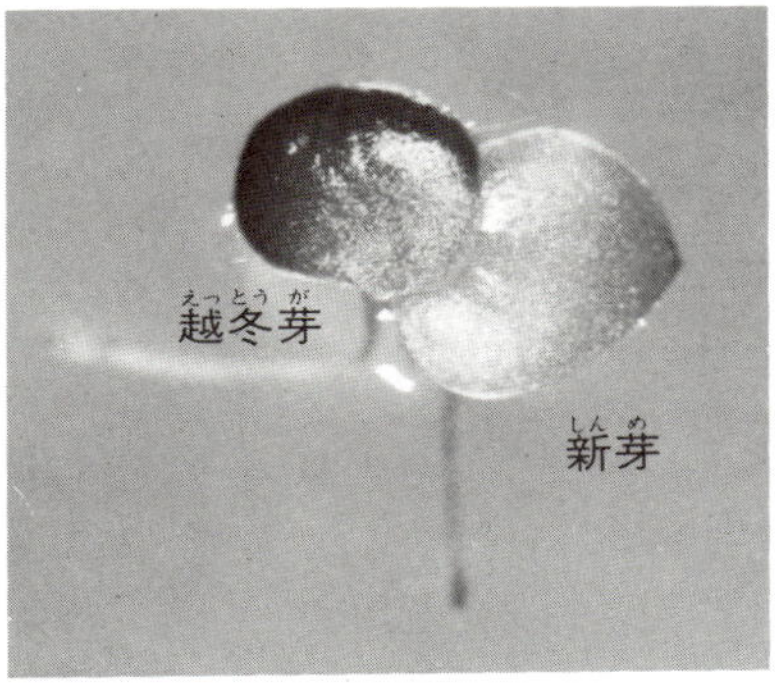

➡水面《すいめん》にういたウキクサの越冬芽《えっとうが》から、芽《め》がでてきたところ。

⬅しめった土《つち》の上《うえ》においた越冬芽《えっとうが》からでも、芽《め》がでてきます。

＊水草《みずくさ》と人間《にんげん》のくらし

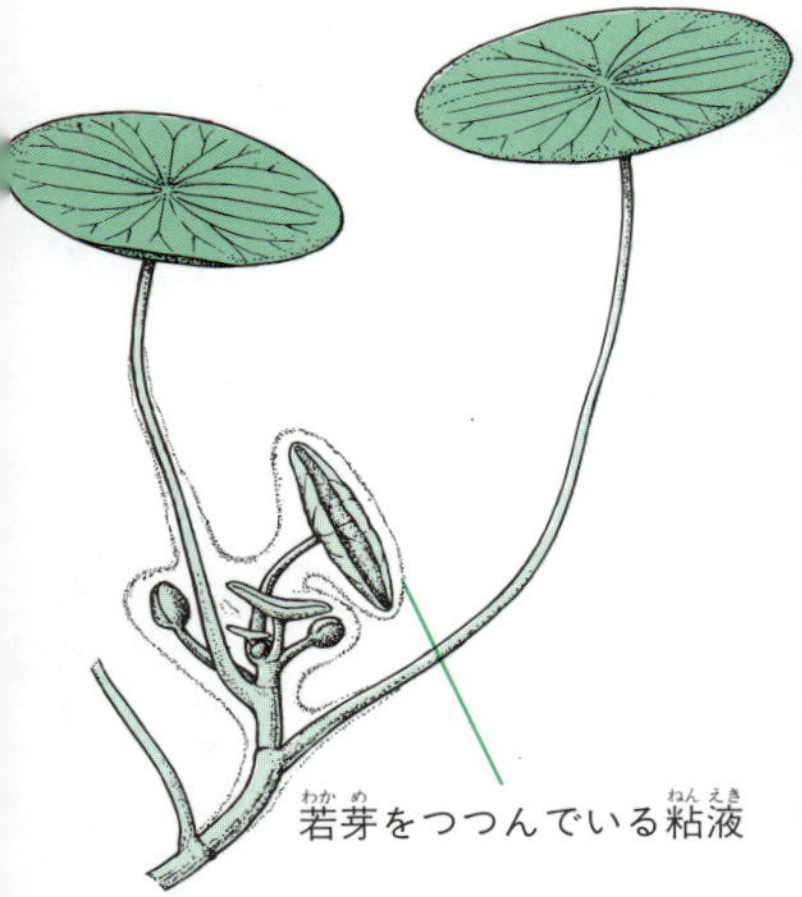

⬆ジュンサイの若芽《わかめ》は食用《しょくよう》になり，寒天《かんてん》のような粘液《ねんえき》におおわれています。

⬆初夏《しょか》，池《いけ》に舟《ふね》をうかべて，ジュンサイの若芽《わかめ》を採集《さいしゅう》しているところ。採集期間《さいしゅうきかん》６月中旬《がつちゅうじゅん》～９月下旬《がつげじゅん》。

水草《みずくさ》は、古《ふる》くから人間《にんげん》のくらしと深《ふか》くむすびついてきました。とくに日本《にっぽん》では、イネづくりがおもな農業《のうぎょう》であるために、かんがい用《よう》の水《みず》をためておくため池《いけ》や堤《つつみ》が、各地《かくち》につくられてきました。ため池《いけ》や川《かわ》などと水田《すいでん》をむすぶ小川《おがわ》や用水路《ようすいろ》が、あみの目《め》のようにつながっています。これらの池《いけ》や小川《おがわ》や用水路《ようすいろ》に、いろいろな水草《みずくさ》がはえています。

夏《なつ》の暑《あつ》いさかりにさくスイレンやハスの花《はな》は、わたしたちの心《こころ》をなごませてくれます。ハスの地下茎《ちかけい》であるレンコンやジュンサイの若芽《わかめ》、ワサビの茎《くき》、ヒシの実《み》などは、食用《しょくよう》として広《ひろ》く利用《りよう》されています。ヨシは、夏《なつ》、日《ひ》よけのすだれの材料《ざいりょう》として利用《りよう》されています。そのほか、水草《みずくさ》のなかには、薬《くすり》の原料《げんりょう》や田畑《たはた》の肥料《ひりょう》などにも利用《りよう》されているものがあります。

でも、よいことばかりではありません。水田《すいでん》に大発《だいはっ》生《せい》するウキクサは、イネの生長《せいちょう》を弱《よわ》めます。池《いけ》や川《かわ》、運河《うんが》などに大発生《だいはっせい》するホテイアオイやコカナダモは、

右《みぎ》，水《みず》をきれいにするために栽培《さいばい》されているホテイアオイ。左《ひだり》，夏《なつ》のあいだに大発生《だいはっせい》したホテイアオイを，秋《あき》になって回収《かいしゅう》しているところ。いずれも1982年《ねん》，千葉県手賀沼《ちばけんてがぬま》で。

舟《ふね》の運行《うんこう》をさまたげることもあります。

最近《さいきん》、農薬《のうやく》の大量使用《たいりょうしよう》や、工場《こうじょう》や家庭《かてい》の排水《はいすい》などによる池《いけ》や川《かわ》のよごれが、問題《もんだい》になっています。さらに、ため池《いけ》や水田《すいでん》が、工場用地《こうじょうようち》や宅地《たくち》として、どんどんうめたてられています。そのため、水草《みずくさ》がへり、育《そだ》つ場所《ばしょ》までせばめられています。

水草《みずくさ》がへると、池《いけ》や川《かわ》の水《みず》は、いままで水草《みずくさ》が生長《せいちょう》するために使《つか》っていた養分《ようぶん》がたまりすぎ、反対《はんたい》に、水《みず》の中《なか》の酸素量《さんそりょう》はへってきます。こうなると、水《みず》にすむ魚《さかな》や昆虫《こんちゅう》は生《い》きていけません。水鳥《みずとり》たちもすめなくなります。水《みず》が死《し》にたえようとしているのです。

そこで、短期間《たんきかん》に大発生《だいはっせい》するホテイアオイやウキクサを利用《りよう》して、池《いけ》や川《かわ》にたまりすぎた養分《ようぶん》をとりのぞき、水《みず》の中《なか》の酸素量《さんそりょう》をふやし、水《みず》をきれいにし、水《みず》を生《い》きかえらせようという試《こころ》みが、行《おこな》われています。

この試《こころ》みでは、水草《みずくさ》を〝水《みず》の薬《くすり》〟として利用《りよう》しています。こうして、水草《みずくさ》と人間《にんげん》のむすびつきに、新《あたら》しいページが開《ひら》かれようとしているのです。

あとがき

わたしの生《う》まれ育《そだ》ったのは、長野県《ながのけん》の諏訪湖《すわこ》の近《ちか》くです。そのころ、湖《みずうみ》のまわりは、ほとんどが水田地帯《すいでんちたい》でした。湖《みずうみ》と湖《みずうみ》にそそぐ川《かわ》、そして水田《すいでん》の用水路《ようすいろ》には、ヨシ、マコモがうっそうとしげり、キンギョ草《ぐさ》とよんでいた水草《みずくさ》が、水《みず》底《そこ》にゆれていました。

夏《なつ》になると、こうした水草《みずくさ》にかくれすむ、ヨシキリなどの巣《す》さがしや、フナ、ウグイなどをつかみどりした思《おも》い出《で》があります。

日本《にっぽん》の自然《しぜん》は、水《みず》ときりはなすことはできません。水《みず》べや水《みず》の中《なか》には、いろいろな生物《せいぶつ》が育《そだ》ち、わたくしたちのくらしを豊《ゆた》かにしています。

この本《ほん》をつくるために、いろいろな水草《みずくさ》を育《そだ》てました。そればかりでなく、水生昆虫《すいせいこんちゅう》や小魚《こざかな》も飼《か》いました。わたしの家《いえ》は、まるで小《ちい》さな水族館《すいぞくかん》のようになりました。いろいろな水草《みずくさ》に花《はな》がさいたときのうれしさ。知《し》らぬまに生《う》まれたメダカの群《む》れなど、自然《しぜん》のいとなみを身近《みぢか》にみつめることは、ほんとうに楽《たの》しいことです。どうかみなさんも、ぜひためしてみて下《くだ》さい。

おわりに、本書《ほんしょ》をつくるためにご指導下《しどうくだ》さった『日本水生植物図鑑《にっぽんすいせいしょくぶつずかん》』の著者《ちょしゃ》であり、水草研究会会長《みずくさけんきゅうかいかいちょう》の大滝末男先生《おおたきすえおせんせい》、構成《こうせい》にご尽力下《じんりょくくだ》さった山下宜信《やましたよしのぶ》さん、あかね書房編集部《しょぼうへんしゅうぶ》のみなさん方《がた》に厚《あつ》くお礼《れい》を申《もう》し上《あ》げます。

守矢《もりや》　登《のぼる》

（一九八四年七月）

NDC471
守矢　登
科学のアルバム　植物 14
水草のひみつ

あかね書房 2022
54P　23×19cm

○表紙写真
・スイレンの花《はな》
○裏表紙写真（上から）
・ヒツジグサ（まるい葉《は》）と
紅葉《こうよう》したヒシの葉《は》
・水中《すいちゅう》で暮《く》らすマツモとコオイムシ
・ミズバショウやいろいろな水草《みずくさ》が
みられる尾瀬ケ原《おぜがはら》
○扉写真
・約《やく》2,000年前《ねんまえ》の種《たね》から生長《せいちょう》した
大賀《おおが》ハス
○もくじ写真
・じゅうたんのようにみえる
ウキクサの群《む》れ

科学のアルバム
水草のひみつ

一九八四年七月初版
二〇〇五年 四 月新装版第 一 刷
二〇二二年一〇月新装版第一一刷

著者　守矢　登

発行者　岡本光晴
発行所　株式会社 あかね書房
〒一〇一－〇〇六五
東京都千代田区西神田三－二－一
電話〇三－三二六三－〇六四一（代表）
http://www.akaneshobo.co.jp
印刷所　株式会社 精興社
写植所　株式会社 田下フォト・タイプ
製本所　株式会社 難波製本

ISBN978-4-251-03384-0
定価は裏表紙に表示してあります。
落丁本・乱丁本はおとりかえいたします。

科学のアルバム

全国学校図書館協議会選定図書・基本図書
サンケイ児童出版文化賞大賞受賞

虫

- モンシロチョウ
- アリの世界
- カブトムシ
- アカトンボの一生
- セミの一生
- アゲハチョウ
- ミツバチのふしぎ
- トノサマバッタ
- クモのひみつ
- カマキリのかんさつ
- 鳴く虫の世界
- カイコ まゆからまゆまで
- テントウムシ
- クワガタムシ
- ホタル 光のひみつ
- 高山チョウのくらし
- 昆虫のふしぎ 色と形のひみつ
- ギフチョウ
- 水生昆虫のひみつ

植物

- アサガオ たねからたねまで
- 食虫植物のひみつ
- ヒマワリのかんさつ
- イネの一生
- 高山植物の一年
- サクラの一年
- ヘチマのかんさつ
- サボテンのふしぎ
- キノコの世界
- たねのゆくえ
- コケの世界
- ジャガイモ
- 植物は動いている
- 水草のひみつ
- 紅葉のふしぎ
- ムギの一生
- ドングリ
- 花の色のふしぎ

動物・鳥

- カエルのたんじょう
- カニのくらし
- ツバメのくらし
- サンゴ礁の世界
- たまごのひみつ
- カタツムリ
- モリアオガエル
- フクロウ
- シカのくらし
- カラスのくらし
- ヘビとトカゲ
- キツツキの森
- 森のキタキツネ
- サケのたんじょう
- コウモリ
- ハヤブサの四季
- カメのくらし
- メダカのくらし
- ヤマネのくらし
- ヤドカリ

天文・地学

- 月をみよう
- 雲と天気
- 星の一生
- きょうりゅう
- 太陽のふしぎ
- 星座をさがそう
- 惑星をみよう
- しょうにゅうどう探検
- 雪の一生
- 火山は生きている
- 水 めぐる水のひみつ
- 塩 海からきた宝石
- 氷の世界
- 鉱物 地底からのたより
- 砂漠の世界
- 流れ星・隕石